Osprey Aircraft of the Aces

Spitfire Mark V Aces 1941-45

Dr Alfred Price

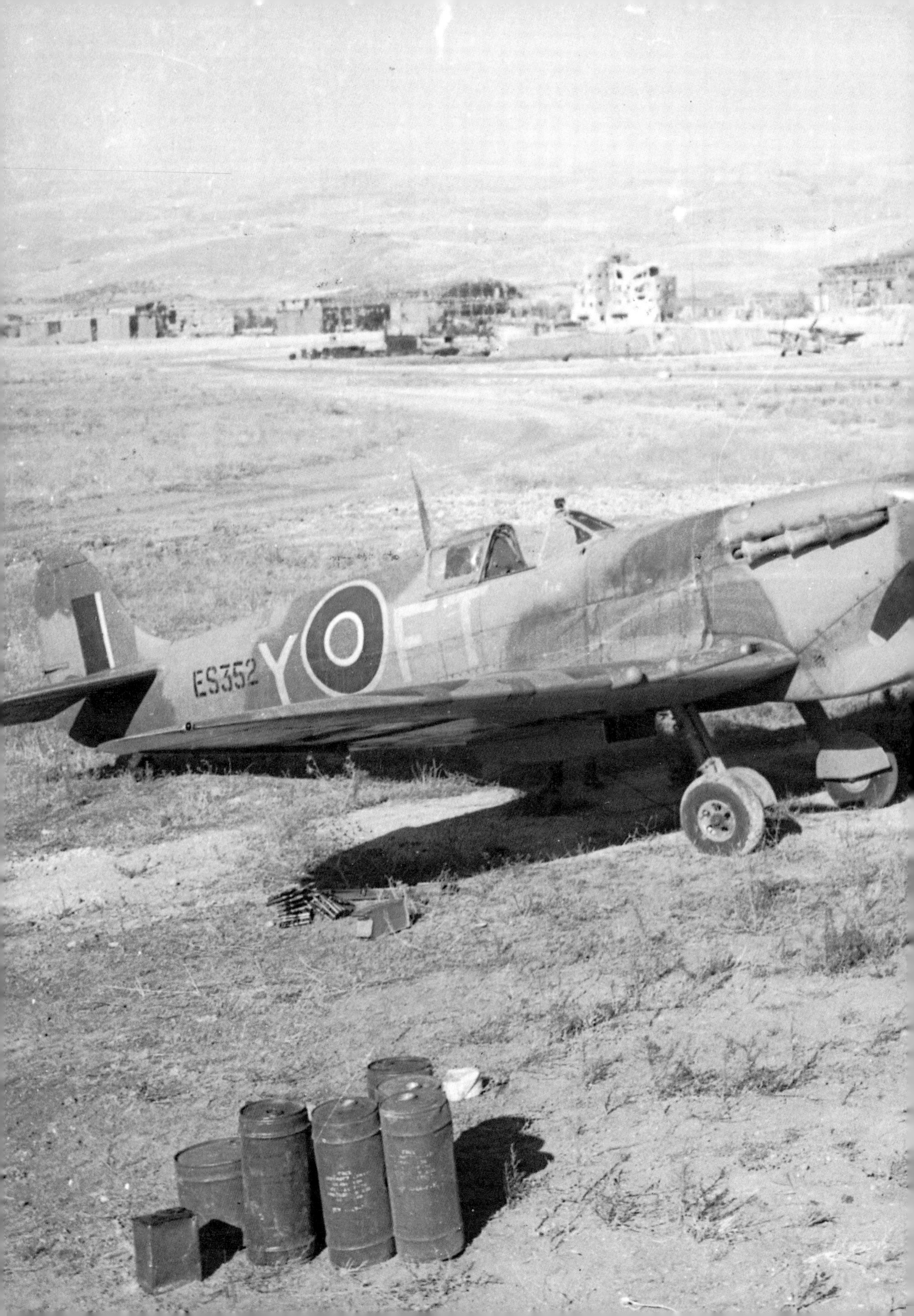
ES352
Y
FT

Osprey Combat Aircraft

オスプレイ軍用機シリーズ
34

スピットファイアMkⅤのエース 1941-1945

[著者]
アルフレッド・プライス
[訳者]
柄澤英一郎

大日本絵画

カバー・イラスト／イアン・ワイリー　　フィギュア・イラスト／マイク・チャペル
カラー塗装図／キース・フレットウェル　スケール図面／マーク・スタイリング

カバー・イラスト解説
1943年1月21日の昼下がり、トリポリの南方で、イギリス空軍第92飛行隊のスピットファイアはJu87B-2/Trop急降下爆撃機8機と交戦した。これはMkVB ER220に搭乗するネヴィル・デューク中尉が、そのうち1機を炎上させて離脱する光景。デュークは1953年に刊行された優れた自伝『Test Pilot』で、この戦闘について詳しく物語っている。
「この地域上空の最初の戦闘では、12機のスピットファイアで高度18000フィート(5500m)を飛行中、友軍地上部隊を爆撃して帰還途中のJu87シュトゥーカ数機を発見した。私はこのことを隊長ダーウェン中佐に報告し、敵に向かって急降下、飛行隊もこれに続いた。
「シュトゥーカ編隊に接近中、単機の私はいささか無防備な感じを覚えたが、事実、味方が追いついてくるまでのしばらくの間、敵機はこぞって私に銃火を集中し、私の周りで失速反転をして見せた。彼らはイタリア軍のシュトゥーカ隊で[編集者注：実際にはドイツ空軍第3急降下爆撃航空団第Ⅲ飛行隊所属機だったことが、その後確認されている]、私はカステルベニート飛行場の近く、高度約1000フィート(300m)のところで敵編隊を捕捉した。はじめに攻撃した1機には十分な損害を与えられなかったが、2機目は右翼付け根に弾丸が命中、発火し、きりもみとなって落下、大地に激突して爆発した」

凡例
■本書に登場する各国軍航空組織については以下のような日本語呼称を与えた。
イギリス空軍(Royal Air Force＝RAF)
Command→軍団、Group→集団、Wing→航空団、Squadron→飛行隊、Flight→小隊、Section→分隊
Maintenance Unit→整備隊、Operational Training Unit→実戦訓練隊
イギリス海軍(Royal Navy)
Fleet Air Arm(FAAと略称)→海軍航空隊
ドイツ空軍(Luftwaffe)
Geschwader→航空団(例：Jagdgeschwader→戦闘航空団、Kampfgeschwader→爆撃航空団)
Gruppe→飛行隊、Staffel→中隊
アメリカ陸軍航空隊(U. S. Army Air Force)
Wing→航空団、Group→航空群、Squadron→飛行隊

■訳者注、日本語版編集部注は[　]内に記した。

訳者覚え書き
序文にあるように、原著は登場するエースの経歴、撃墜スコアなどのデータをイギリスの航空史家クリストファー・ショアーズ氏の著書、Aces High (1994)から得ている。だが原著刊行後の1999年、Aces Highは改訂版が出て、若干の追加と訂正が行われたため、この訳書でも関係する箇所については改訂版に準拠して訂正を加えてある。

翻訳にあたってはOsprey Aircraft of the Aces 16 "Spitfire Mark V Aces 1941-45"の1997年に刊行された版を底本としました。[編集部]

目次 contents

頁	章	タイトル
6		著者より / author's introduction
6	1章	一時しのぎ / stop-gap spitfire variant
12	2章	品種改良 / improving the breed
19	3章	北西ヨーロッパでの戦い / in action over north-west europe
46	4章	マルタ島攻防戦 / air battle for malta
59	5章	あるマルタ島エースの戦術 / tactics of a malta ace
64	6章	北アフリカ / north africa
72	7章	はるかなる戦場で / spitfire Vs far and wide
83	8章	スピットファイアⅤ型の高位エース / top spitfire Mk V aces

91		付録 / appendices
91		スピットファイアⅤ型要目
91		スピットファイアMkⅤB対Fw190A

| 33 | | カラー塗装図 / colour plates |
| 94 | | カラー塗装図解説 |

| 43 | | パイロットの軍装 / figure plates |
| 99 | | パイロットの軍装解説 |

author's introduction
著者より

　イギリス本土航空戦が終わったのち、連合国空軍が敵に対して技術面でも数量的にも、ようやく完全な優勢を勝ち取ることができた1943年の半ばに至るまでの困難な時期に、イギリス空軍戦闘機部隊の主力となって戦ったのが、スピットファイアMkVである。MkVの関与した最も激しい空戦は、マルタ島上空で繰り広げられた。わずかな機数のスピットファイアをこの島に送り込むだけでも、途中までは空母に載せ、残り600マイル（約1000km）を空輸するという大仕事だった。島に着くなり、これら戦闘機とその乗員たちは優勢な敵軍との生死を賭けた戦いに投入された。マルタは爆撃されるか、飢えて降伏するか、きわどい数カ月が続いたが、最後には防御者たちが勝利を収めた。

　マルタで務めを果たしたのち、スピットファイアVはより僻遠の戦線に送られた。どの地でも、スピットファイアの到着は護られるものの士気を高めた。より明白な結果として、エジプトで、また東南アジアで戦闘に加わったスピットファイアは数週間のうちに、いままで連合軍が得られずにいた制空権をかなり回復して見せた。ただ1943年の春から夏にかけての北部オーストラリア防衛戦に限っては、MkVは高い期待に応えることができなかった。

　1942年秋に登場したMkIXに、高高度戦闘機としての任務を譲ると、MkVは低高度作戦用に調整されたマーリン発動機を装備して、新しい生命を得た——1944年夏に到ってもなお、スピットファイアLFVは本土防衛を任務とする若干の第一線戦闘飛行隊に配備されていた。

　5機もしくはそれ以上の空中勝利をあげたエース・パイロットについて一言しておくと、本書ではパイロットたちの撃墜スコアを示すにあたり、公認されたものだけをとりあげ、不確実撃墜と地上での撃破は除いてある。

　本書のために、おおぜいの良き友人たちが材料や写真を提供し、私を助けてくれた。すなわち、ノーマン・フランクス、ディリップ・サーカー、フィリップ・ジャレット、アンドリュー・トーマス、ヴォイテック・マトゥシャック、スティーヴン・フォーチャック、そしてブルース・ロバートスン——君たち全員に謝意を捧げる。またテッド・フートンはスピットファイアVの改良過程について、苦労して集めた広範な調査成果を利用させてくれた。おかげで画家のキース・フレットウェルは、さまざまなエースたちの乗機の塗装図を正確に描く際に大いに助かり、またマーク・スタイリングのスケール図は、これまでに出版されたMkVの図のなかでは最も正確なものとなった。

　最後に、といっても断じて最小でない感謝を、クリス・ショアーズに捧げたい。彼は多年にわたる共同著作によるすばらしい参考文献、すなわち『Aces High』、『Malta-The Spitfire Year』、それに『Fighters over Tunisia』からの引用を許してくれた。最初にあげた書物は第二次大戦のイギリス空軍エースについての基本的文献であり、残る2冊もそれぞれが取り上げている戦域について同等の地位を占める書物である。さらに、クリスには北部オーストラリアへの日本軍の空襲についての、彼自身とブライアン・カル、イアン・プリマー、そして日本の伊澤保穂との共同研究の成果を利用させてくれたことにも謝意を表する。

アルフレッド・プライス
1997年1月

chapter 1
一時しのぎ
stop-gap spitfire variant

　1940年から41年にかけての冬、戦闘機軍団総司令官サー・ショルトー・ダグラス空軍大将が一方ならず懸念していたのは、やがて来る春、再びイギリス本土防空戦を戦わなくてはならぬのでは、という心配だった。前年、イギリス空軍情報機関はドイツ空軍について多くのことを学んだが、よくわからぬ領域もまだたくさん残っていた。そのひとつは次世代の軍用航空機に関する敵側の方針だった。高高度性能を増した新型戦闘機や爆撃機がドイツで開発

されているという報告やうわさは数多くあった。すでに、ディーゼル・エンジンを搭載して36000フィート（11000m）以上の高空を飛べるユンカースJu86P偵察機は、ほとんど妨げられることなく、イギリス上空を行動できることを実証して見せていた。もしもドイツ空軍がこうした能力を備えた爆撃機をもって、大規模な攻撃を開始したならば、イギリス空軍の現用戦闘機の力では、その脅威に対処できそうもなかった。これらの恐怖はやがて誤りだったと判明するのだが、当時はスピットファイアの開発計画に深甚な影響を与えた。

　生産中のスピットファイアMkⅠとMkⅡに代わる改良型として、はじめ意図されていたのはMkⅢで、何箇所かの設計を改め、機体を強化したものだった。だがⅢ型をつくるために生産ラインを変更することは、大幅な機械入れ替えを必要とし、時間もかかると予想された。スーパーマリン社は、イギリス空軍の要求する厳しい生産計画に合わせて新型機をつくれるかどうかは保証できないと言明した。

　スピットファイアⅢ型を量産化するにあたっての、もうひとつの難題は装備エンジン・マーリンXXで、その過給機は改設計され、独立した2段のものを備えていた。そのひとつは高空用、もうひとつは低空用だった。これは複雑なエンジンで、ロールスロイスは要求された期限内に十分な数を生産することは難しかろうと述べた。だが、問題の短期解決策はすぐ手近にあった。

　ロールスロイスはマーリンXXと並行して、これから低高度用の過給器を取り除いた簡略型をつくりあげた。マーリン45と命名されたこのエンジンは、高度11000フィート（3400m）、＋16ポンド・ブーストで1515馬力を出し、送風機がひとつしかないことから、マーリンXXよりはるかに量産が容易だった。その上、マーリン45はそれ以前のマーリン諸型に比べて大きさは同じ、重量もほとんど変わらないのに、馬力は大幅に増えていた。

　マーリンXXと寸法的に共通していたおかげで、新しいエンジンはスピットファイアⅠおよびⅡの機体に、ほとんど改造もせずに取り付けることができた。この改良型はスピットファイアMkⅤと命名され、ロールスロイスは23機のMkⅠを新型に改造する指示を受けた。このように改造された最初のバッチの大部分は機関砲装備のMkⅠBだったが、機関銃だけを装備したMkⅠAも少数ながら含まれていた。

　1941年1月には最初のMkⅤが誕生、飛行試験の結果、MkⅢの性能上の長所をほとんど実現し、しかもMkⅢで予言された生産の遅れの心配はなか

1941年4月、イーストリーで引渡しを待つ最初の生産バッチのMkⅤB。まずプライズ・ノートンの第6整備隊にゆき、機関砲など戦闘用装備品を取り付けることになる。一番手前のW3127は第74、401、340、453、222、167、316各飛行隊と中央射撃学校で使用されたのち、1946年に教材用機体となるという多彩な経歴を送った。(via Sarkar)

った。3月初めに開かれた計画会議で、空軍参謀総長（CAS）サー・チャールズ・ポータル大将はスピットファイアⅢに死の宣告を下した。議事録にはこうある。

「CASは、スピットファイアⅢに代わり、1速過給機付きマーリン45エンジン装備のスピットファイアⅤを生産すべしと決定した。改良されたマーリン45（送風機の羽根車をやや大型化したもの。すなわち、マーリン46）を装備したスピットファイアⅤは、高空での性能と上昇限度がさらに向上するであろう。これは戦闘機軍団の高高度戦闘機要求に合致する。この型が成功するならば、空軍参謀部は生産しうるかぎりの機体を欲する」

議事録の結びはこのように述べているものの、当時の別の記録によれば、空軍参謀部はMkⅤを一時しのぎの機体と考えていたことが明白である。最終的な高高度迎撃戦闘機として予定されていたのはスピットファイアⅥで、いまや最優先で開発されていた。この型は基本的に、MkⅤのキャビンを与圧式とし、主翼を延長、さらに、より強力な過給機を備えた新型マーリン・エンジンを装備したものだった。MkⅥは準備ができ次第、MkⅤの生産ラインに取って代わることになっていた。

上下とも、最初に作られたMkVBの1機、R6923/QJ-S。Mk IBからの改造機で、1941年初めに第92飛行隊に支給され、このときはアラン・ライト中尉の乗機だった。ライトは撃墜11、協同撃墜3、不確実撃墜5、撃破7のスコアをあげて終戦を迎える。

MkⅤを初めて実戦に投入する部隊として選ばれたのは、エースであるジョン・ケント少佐指揮のもと、マンストン基地からスピットファイアIBを飛ばしていた第92飛行隊だった。改造された最初のMkIB（シリアルX4257）は1941年の2月半ばに飛行隊に到着、それに続く数週間、部隊は手持ちのスピットファイアIBをMkVB仕様に改造すべく、ハックノールのロールスロイス工場へと次々に送った。1機あたり1週間から10日ほどかかって作業は完了し、エンジンを換装された機体が部隊に戻ってきた。この作業が長引いた結果、第92飛行隊は数週間のあいだ、新旧両方の型を実戦で使用することになった。

さきに触れた事情から、MkⅤの最初の生産機の大部分は20mm機関砲2門に7.7mm機関銃4挺を備えたVB型で、残りが機関銃8挺をもつVA型だった。

最初のMkⅤは外見上、MkⅠおよびⅡの後期生産型とほとんど同じだったが、やがて違いが生じた。マーリン45は運転すると油温が上昇し過ぎ、結果として、高空では油の圧力が低下することにパイロットたちは気づいた。これ

に対応するためには現行の滑油冷却器は性能不足で、冷却器の面積を拡大する必要があり、そのぶん空気流入量を増やすため、取り入れ口を大きくしなくてはならなかった。この結果、MkⅠとⅡでは左翼下面の滑油冷却器空気取り入れ口が半円形だったのが、MkⅤでは拡大されて真円形となり、新しい型を識別する際の明確な特徴となった。この変更は生産ライン上の新しい機体に取り入れられただけでなく、それ以前に改造されていたMkⅤにもさかのぼって、すべて実施された。

戦闘機軍団はドイツ占領下にあるヨーロッパ大陸上空に向けて、新型スピットファイアを少しでも早く実戦出撃させたく思っていたが、突然、思わぬ方向からこれにストップがかかった。2月28日、ウィンストン・チャーチル首相が空軍参謀総長にメモを送ったのである。

「私が思うに、マーリン45やマーリン45プラス(マーリン46)は、少なくとも半ダースの飛行隊がこれを運用できるようになるまでは、敵の目にさらしてはなるまい。さらなる指示がない限り、これらを大陸で使用することを厳しく禁止する」

チャーチルといえども、その立場に伴うストレスの結果、ときには誤った判断を下すこともあったが、これもその一例だった。半面、戦争指導者としての彼の偉大さのひとつは、彼に反対する相手が現れても、筋道の通った意見には耳を傾ける点にあった。3日後、サー・チャールズ・ポータルは回答を送り、禁止令への自分の反対意見を詳しく述べた。

「本官は、スピットファイアⅤ型に関し、少なくとも6個飛行隊が当該型で装備されるまで、敵側に捕獲される危険のある状況のもとでは使用せぬよう指示いたしました。

「しかしながら本官は、このご決定の理由をお聞かせ願えれば幸いに存じます。これは本官が良しと信ずるところと異なり、また戦闘機軍団総司令官もこれに反対しております。

「本官の反対理由は以下のごとくであります。
(a) マーリン(45)エンジンには、近い将来、ドイツ側が利用できるような箇所はありません。
(b) 全くの新型戦闘機ならば、敵への奇襲効果を高めるため、準備が整うまで秘密にしておくことも正当化されましょうが、当該機に関しては、パイロットから見て、取り扱い上も、これを使用しての戦術上も、新奇なところはいささかもありません」

ポータルは、要求された6個飛行隊が新型スピットファイアに機種を改変し終えるには、ほぼ2カ月はかかるであろうと指摘した。その間は、旧型スピットファイアを装備した部隊が、危険の度を増した出撃に飛び立つことが多く

1941年初め、フランスへの出撃から帰還した第92飛行隊長ジェイムズ・ランキン少佐(左：上着を脱いでいる)と、チャールズ・キングカム大尉がタバコに火をつける。ランキンの戦歴は第8章に詳しい。チャールズ・キングカムはのちに第72飛行隊長となり、さらにケンリー航空団司令を務めた。終戦時のスコアは撃墜9、協同撃墜3、不確実撃墜5、撃破13。

なろう。これはパイロットの士気に悪影響を与えかねない。また別問題として、この禁令では、ただ速力だけを頼りに、ドイツ国内の写真撮影にあたっている偵察型スピットファイアにも、新型エンジンが使えないことになる。ポータルはつぎのような要請でメモを締めくくった。
「以上の事情をご賢察の上、ご決定をご再考いただけるならば幸甚に存じます」
　3月7日、チャーチル首相は返答した。真に効果的な打撃を与えるために、十分な数の新型機が運用できるまで待ちたかったのだと彼はいい、例として、その前の年、戦車隊を時期尚早に実戦に投入したことをあげた。だがメモの最後は、ポータルの求めていた答えで結ばれていた。
「しかしながら、貴官がそうすること（マーリン45装備のスピットファイアを直ちに敵地で使用すること）がよいと考えるのであれば、私は決して貴官の意見に反対しない」
　問題は解決し、戦闘機軍団はそのスピットファイアVを、準備が整ったと判断したら直ちに、ドイツ占領下のヨーロッパ大陸に出動させられることとなった。
　MkVの就役は比較的順調に進んだが、小さなトラブルもないわけではなかった。1941年3月19日、第92飛行隊のスピットファイアVBが3機、1発の敵弾も浴びていないのに、続けざまに不時着した。この不運な飛行は、ケントに侵攻してきたメッサーシュミット群と戦うべく、ジェイムズ・ランキン少佐に率いられ、高度36000フィート（11000m）で長時間の追跡を行いながら成果を得られなかったもので、機体は新しく改造されたMkVB、R6776、R6897、X4257だった。
　事故の原因は、デ・ハヴィランド・ハイドロマチック・プロペラの定速装置（CSU）にあった。通常、CSUはマーリン・エンジンの最大回転数をおよそ3000rpmに制限していたが、この出撃では非常な低温にさらされたためにCSUのなかの作動油が凍結し、プロペラが一杯の低ピッチとなって、エンジンの回転数が制御不能な4000rpm近くまで上がってしまったのだった。エンジンがひとりでに分解しそうな振動を始めたので、パイロットは直ちにスイッチを切らなくてはならなかった。3機すべてが不時着し、パイロットに怪我はなかったものの、機体は数ヵ月も使用不能なほどの損傷を負った。この事故のあと、MkVで超高空飛行するパイロットは、プロペラ・ピッチ変換機構を作動可能に保つため、ひんぱんにスロットル操作を行うよう命令され、一方、問題を解決する改良策が開発されるまで、できるだけ多数のスピットファイアVにロートル製の定速装置が取り付けることが行われた。
　1941年3月中に、スーパーマリン社の支配下にある分散製造工場では、スピットファイアIの生産を中止してMkVに切り替え、この型38機を完成させた。うち12機がVB、26

英雄崇拝。空戦ではスピットファイアをどんなふうに操るのかを語る第92飛行隊のドナルド・キンガビー軍曹を、飛行訓練隊の生徒たちが尊敬のまなざしで見つめる。風防横の11個の撃墜マークは、この写真が1941年春の撮影であることを示している。キンガビーは撃墜21、協同撃墜2、不確実撃墜6、撃破11を認められて終戦を迎えた。

出撃の合間に第485「ニュージーランド」飛行隊のMkVBに群がり、燃料と弾薬補給に大忙しの地上勤務員たち。1941年8月、レッドヒルで。手前中央地上の一部空になった7.7mm機銃の弾倉、右の地上の20mm機関砲のドラム型弾倉に注意。(via Scutts)

機がVAだった。完全にMkVだけを作るようになった4月は58機が完成し、うちVAが36機、VBが22機だった。

おなじ月、第92飛行隊は、MkIBからの改造機と新造機とを合わせて、MkVBで所定保有機数を満たすことができた。つぎに新型に機種改変する順番を待っていたのは英仏海峡に面したホーキンジの第91飛行隊で、5月の第一週に改変を完了した。

この新型スピットファイアの実戦登場と、ほぼ正確に時を同じくして出現したのが、メッサーシュミットBf109F-2だった。高名なドイツ戦闘機の大幅な改良型で、旧型より空力的に洗練された形をしていた。「フリートリヒII」［F-2を人名になぞらえた呼び方］は高度19700フィート（6000m）で時速373マイル（600km/h）を出し、実用上昇限度は36100フィート（11000m）で、これらの数値はスピットファイアVBのそれにきわめて近かった（詳しくは付録の要目を参照のこと）。低空では新型メッサーシュミットのほうが優れた性能を示し、高度10000フィート（3048m）では時速にして27マイル（43km/h）ほど速く、上昇率でも上回っていた。

火力について見れば、20mm機関砲2門に機関銃4挺を備えたスピットファイアVBのほうが、15mm機関砲1門に7.9mm機関銃2挺だけのBf109F-2より破壊力があった。全体としては、実際に対戦してみると、スピットファイアVとBf109Fはいい勝負で、前年1940年にスピットファイアとメッサーシュミットの間に存在していた、技術的にほぼ互角の状態は、それからもしばらく続くことになった。

スピットファイアVが登場してから数カ月のあいだに、戦いをめぐる状況はいくつかの面で大きな変化をとげ、その結果、新たな技術的諸要求がイギリス空軍戦闘機隊から提出された。これらの要求に対処すべく、スーパーマリン社技術陣はスピットファイアの性能を向上させるための次から次への変更に多忙をきわめた。多くは生産ライン上の新造機に取り入れられたが、修理工場で行われたものもあった。次の章では、重要な変更のいくつかと、それらがスピットファイアの戦闘能力におよぼした効果について検証する。

chapter 2
品種改良
improving the breed

　スピットファイアVの就役期間中に、この型のために計画された変更箇所は1100以上もあり、これらの多くは少なくとも若干の量産機で実現を見ている。変更は、大幅なものから比較的小さなものまであった。たとえば、変更第411号では砂漠のような環境でスピットファイアが効果的に行動するために必要な、いわゆる「トロピカライゼーション」(熱帯化)と呼ばれる一連の改造が導入され、一方、変更第536号は対照的に、キャノピーをロックするための留め金に改良を加えるという、わりあい簡単なものだった。以下に、スピットファイアVに対して行われた比較的重要な変更について述べる。

上下とも： 1941年7月、バーミンガム郊外カースル・ブロムウィッチの大生産工場が、MkVの大量生産を開始した。写真は1942年、総力生産中の同工場風景。(Vickers)

1942年1月、イルチェスターのウエストランド社工場で修理中のMkVA、VB、それに少数のMk I。左列の翼の後ろに見えるAD313はコクピット直後方に第317（ポーランド）飛行隊のマークを描いている。その向こうはW3841で、コクピット下に漫画の犬が見える。この機体は第501飛行隊で戦傷を受けたもので、のちに第72、121各飛行隊で使われ、1942年6月16日に戦闘で失われた。

エルロンの金属化
Metal Ailerons

　スピットファイアは、高速で空戦に入ると、だいたい時速400マイル（644km/h）を超えたあたりから、エルロンがひどく重くなることが知られていた。機体を少しでも横転させるには、パイロットは渾身の力を振り絞らなくてはならず、その結果、あたら射撃チャンスを逃がすことが多かった。パイロットたちが文句をいい始め、トラブルの原因は間もなく特定できた。高速時には空気の流れによって、エルロンを覆っている羽布がふくれ上がり、その結果、操作によけいな力が必要になっていたのである。解決策は、羽布に代わって、より剛性が高く、高速飛行しても膨張する心配のない軽金属板をエルロンに張ることだった。

　1940年11月、イギリス本土航空戦のエースで、そのとき第602飛行隊長を務めていたA・V・R・「サンディー」・ジョンストン少佐は、新しいエルロンをつけたMkIで試験飛行してみて、高速での空中機動が著しく改善されたことに気づいた。少佐はそのことを自伝『Enemy in the Sky』（William Kimber 1976）のなかで述べている。

　「ジェフリー・クイル（ヴィッカース‐スーパーマリン社のテストパイロット）が、さらに別の改良を施したスピットファイアを我々の試験に供するために空輸してきた。これはエルロンを金属製に変えたもので、私が飛行してみたところ、羽布張りのものに比べて格段に良くなっていた。操作がずっと軽くなり、利きもよかった。続いてフィンレー（やはりスピットファイアのエースだったフィンレー・ボイド大尉）もテストしてみて、私の感想を裏付けてくれたので、2人して『何機か買いたいです！』とジェフリーに伝えた」

　この飛行についての当時の公式報告書で、ジョンストンは「新しいエルロンはきわめて効果的で、その良さを知るためには、とにかく飛んでみるべきだ」と書いている。

　1941年、スーパーマリンは前線のスピットファイアに金属外皮のエルロンを取り付ける突貫作業を行った。パイロットたちは自分の乗機でイーストリーに飛んできて、"待っている間に"換装してもらった。だが新しいエルロンの生

1942年6月にウーストンで編成された第243飛行隊所属のMkVB。手前のEN821は同部隊発足時に新品で支給された。このあと第65飛行隊で使われたが、同年12月に空中事故で損傷し、修理後、海軍に引き渡され、リー・オン・ソレント航空基地で教材機となった。(via Jarrett)

MkVの後期に装備された、左右にもふくらんだ形の"バルーン"キャノピー。これでパイロットの後方視界が改善された。[このタイプには左側のノックアウト・パネルはない]

産が需要に追いつくまでには数カ月かかり、生産ライン上のスピットファイアVのすべてに取り付けられるほどの数がそろったのは、春もそろそろ終わりになってからだった。

■ マーリンの改良
Merlin Improvements

　　MkVの初期に装備されたマーリン45エンジンの過給機送風機の直径は10.25インチ(26cm)で、全開高度は13000フィート(3960m)、最大速度は18000フィート(5500m)で得られた。一方、より高高度作戦用のマーリン46は送風機直径を10.85インチ(27.6cm)に拡大し、これを備えたMk Vは全開高度が15200フィート(4600m)となった。最大速度は高度24000フィート(7320m)で得られた。高度20000フィート(6096m)から上では、マーリン46装備のV型はつねにマーリン45装備機より高速で、その差は高度28000フィート(8530m)で最も大きく、時速にして7マイル(11km/h)だった。

　　戦争初期、スピットファイアが格闘戦を行う際につきまとっていた難問のひとつは、マイナスGのかかる空中機動を持続できないことだった。こうした状況のもとでは、マーリンのフロート式気化器は燃料の供給がストップするため、パイロットがこの種の運動をすると、エンジンは停止の前触れである咳き込みを始めた。そこでマイナスGのかかる運動をやめれば、すぐまた別の問題が生じた。気化器の上部にたまった余分な燃料のせいで混合比が濃くなりすぎ、正常に戻るまでの数秒のあいだ、エンジン出力が落ちるのだった。

　　対照的に、ドイツの軍用機に装備されていたエンジンの大部分は燃料直接噴射式だったため、こうした心配はなかった。ドイツのパイロットたちが直ちに学んだ教訓は、イギリス戦闘機に追いかけられたら、ひと押し直進してから高速で急降下すれば、まずどんな敵でも振り切れるということで、この戦術を使って多くのドイツ機が撃墜される運命を免れていた。

　　この問題を解決しようと、いくつかの方法が試みられたが、結局、ファーン

ボロの王立航空機研究機関(RAE)に勤務する科学者ベアトリス・シリングが、マーリン発動機のSU気化器に巧妙でしかも割合かんたんな改良を加えることを考え出した。彼女のいわゆる「反G」改造は、やがて後期のスピットファイアVのマーリン・エンジンに実施された。

スピットファイアMkVC
Spitfire MkVC

　スピットファイアVの初めの生産型であるVAとVBは、単にMkⅠとⅡの機体にマーリン45を搭載したものだった。だが新型エンジンで重量が増えたことと、兵装その他の追加装備品のおかげで、これらの機体では今後の発展のための強度的余裕がほとんど残っていなかった。MkVCは機体を再設計して強度を増し、さらに洗練を加えたもので、1941年11月から生産が開始された。この型は"Cタイプ"あるいは"ユニヴァーサル・ウイング"と呼ばれる主翼を備えていて、7.7mm機関銃8挺か、20mm機関砲2門プラス機関銃4挺か、もしくは20mm機関砲4門か、いずれかの組み合わせの火器を搭載することができた。

1942年8月、カースル・ブロムウィッチ工場の生産ラインで、マーリン46エンジンを吊り下ろしてMkVBに装着するところ。前線で使われたMkVの各型に、10種ものマーリンの変型が装備された。(via Vickers)

航続距離の延長
Extending the Range

　スピットファイアをマルタ島に送る必要が生ずるにおよんで(第4章を参照)、その空輸航続距離を延ばすことが緊急の課題となった。敵の包囲下にある島にスピットファイアを送り届ける唯一可能な方法は、途中までは空母で運び、それからパイロットが発艦して残りの距離を飛ぶことだった。それでもなお約660マイル(1060km)は飛ばなくてはならず、スピットファイアの機体内燃料だけによる航続距離をはるかに超えていた。

　この飛行を可能にするため、スーパーマリンはスピットファイアの胴体下面にぴったり合う形の投下式スリッパ・タンク(容量90ガロン＝410リッター)を開発した。これによりスピットファイアの燃料量は倍以上になったので、増援作戦用の機体は新型タンクを装備して、そこから燃料を吸い上げるように改造された。

　この空輸用タンクが成功を収めたため、続いてやはりスリッパ型だが空戦用の容量30ガロン(136リッター)や45ガロン(205リッター)のタンクも作られ、MkVの戦ったあらゆる地域で使われた。空輸用タンクのなかで最も大きかったものは容量が170ガロン(773リッター)もあり、滑走路との間隔はほんの数cmしかないという、まさしく怪物のような代物だった。そのあと後部胴体内にも29ガロン(132リッター)タンクが設けられ、これと170ガロン・タンクを併用すると、スピットファイアVはジブラルタルからマルタ島まで、1100マイル(1770km)を一気に飛ぶことができた。

熱帯型への改造
Tropical Modifications

スピットファイアは海外の戦場でも首尾よく運用できるように、若干の特殊な改造を施されなくてはならなかったが、なかでも最も重要なものが、エンジンに埃や砂が入って過度の磨耗が生じるのを防ぐため、気化器の空気取り入れ口にフィルターを取り付けることだった。こうしたフィルターなしでは、エンジンの寿命は著しく短くなった。最初に作られたこの種のフィルターは、機首下面にあごひげのような形をした大きなフェアリングを設けて収納したが、パイロットたちには評判が悪かった。気化器空気取り入れ口へのラム圧［押し込み圧力］が減って、最大速度と上昇力がともに低下したからである。その後、エジプトのアブーキールにあった第103整備隊（Maintenance Unit：MU）の技術者たちが、より小型で効率の高いフィルターをスピットファイア用に作り上げた。これは「アブーキール・フィルター」の愛称で、北アフリカで戦った大部分のMkVに取り付けられた。

ほかに熱帯地用MkVに施された改修として、コクピット直後の胴体内に以下の品々が積み込まれた――1.5ガロン（7リッター）入り飲料水タンク；航空糧食；非常用工具一式；それに日光反射鏡、地上信号布板、信号拳銃と薬莢など非常用装備品。

BR202は1942年夏、ボスコム・ダウンで実施された170ガロン（773リッター）入り空輸用増加タンクのテストに使われた。(via Robertson)

小改修の効果
Effects of Minor Modifications

1943年、ファーンバラでMkVB EN946により、性能向上をめざした一連の小改修の効果を確認するテストが実施された。それらの改修の効果[増速]を以下に示す。

当初の最大時速	357マイル（574km/h）
フィッシュテール形集合排気管に換えて推力式単排気管に	7マイル（11km/h）
気化器アイス・ガードを撤去	8マイル（13km/h）
バックミラーにフェアリングを付加	3マイル（5km/h）
アンテナをマスト形からホイップ形に	0.5マイル（0.8km/h）
薬莢および保弾子エジェクター・シュートを削って翼面に面一に	1マイル（1.6km/h）
隙間を埋め、ペーパーがけ、主翼前縁を塗装して研磨	6マイル（9.6km/h）
それ以外の機体表面をワックスがけし研磨	3マイル（5km/h）
以上のすべてを実施後の最大時速	385.5マイル（620km/h）

ひとつひとつの改修はわずかなものでも、合計すれば時速28.5マイル（46km/h）の増加となり、戦闘ではたいへんな違いとなるに十分だった。逆に考えれば、機体表面のわずかな「荒れ」でも、合わされば同じように性能低下をも

第315飛行隊のLFMkVB。翼端を切断したことで、急降下速度、加速、横転の速さは目立って向上した。高度10000フィート（3050m）以下では最大時速が約5マイル（8km/h）増加し、唯一のマイナスは最小旋回半径のわずかな増大だけだった。(via Jarrett)

第401「カナダ人」飛行隊のLFMkVB W3834/YO-Q。機胴には献納者のエンブレム、「Corps of Imperial Frontiersmen」が描かれている。1941年9月に第266飛行隊に新品として支給され、その後、第154、421、416各飛行隊を経て、1943年6月に第401飛行隊に引き渡された。このあと第126飛行隊に渡り、やがて副次的任務に回された。(RCAF)

たらすことがあり得た。漏れた油の染みに付着した砂や埃、表面の凹みや引っかき傷（主翼前縁から約三分の一翼弦までの間では特に重大なことだった）、もしくは弾痕を修理した部分などがあると、ふつうの機体以下に最大速度を引き下げてしまうこともあった。

低高度作戦用の型
Optimized for Low Altitude Ops

さきに述べたように、マーリン45と46は高高度作戦用のエンジンだった。だが低空でも戦えるよう、これらのエンジンには自動ブースト制御装置（automatic boost control unit=ABCU）が取り付けられ、シリンダー破壊をもたらしかねないデトネーション［圧縮比が高くなり過ぎたとき、シリンダー内の混合気が自然発火して激しく爆発する現象］の原因となる恐れのあるオーバーブースティングを防止していた。スピットファイアVに装備された2段式過給機付きのマーリン61エンジンでも同様だった。低空では、こうした高度に過給されたエンジンは不利となった。大きな過給機はパワーを吸収するが、といってその全力を発揮させられない以上、結果として航続距離や滞空時間を縮めるだけになったからである。

その解決法として、低高度作戦用の戦闘機がつくられ、これには過給機送風機の直径を9.5インチ（24cm）に切り縮めた、「M」の接尾文字がつくマーリ

ン・エンジンを搭載した。マーリン45M、50M、そして55Mはいずれも全開高度が6000フィート（1830m）で、その高度での最大ブーストは＋18ポンドだった。

　スピットファイアの低空での性能をさらに向上させる試みとして、とがった翼端部分が取り外され、代わりに流線型のフェアリングが取り付けられた。これで翼幅は32フィート6インチ（9.91m）に短縮され、翼面積も11平方フィート（1㎡）減少した。この改造は貴重な性能向上をもたらした。従来の翼幅のMkVに比べて、翼を短縮した機体は急降下速度が増大し、加速性が良くなり、横転も速くなった。10000フィート（3048m）以下での最大時速も、ざっと5マイル（8km/h）ほど増加した。短縮翼が低空で不利な点はただひとつ、旋回半径がわずかに大きくなっただけだった。低高度用マーリン・エンジンと短縮翼を組み合わせたスピットファイアLFVは低空で使いやすい戦闘機となり、最大時速は高度2000フィート（610m）で338.5マイル（545km/h）、5900フィート（1800m）で355.5マイル（572km/h）を出した。

　LFVの多くは倉庫に保管されていたMkVBから改造されたもので、以前の戦闘による傷跡や酷使のあとを留めている機体もいくつかあった。就役中の他の戦闘機と比較して、かれらは"clapped out"（使い古した）ものと見なされ、このことからLFVにはたちまちにclipped（ちょん切られ）、cropped（刈り込まれ）、そして"clapped（使い古された）スピッティー"というあだ名が付けられた。それぞれ、主翼短縮、過給器すげ替え済み、そして機体の古さを指してのことだった。

　意地悪いあだ名をつけられはしたものの、これらの改修は間違いなく、有能な制空戦闘機としてのスピットファイアVの寿命を2年以上も延ばした。なぜなら、1944年8月に至ってもなお、「グレート・ブリテン防空組織」（Air Defence of Great Britain）は第一線に11個ものLFVの飛行隊を保持していたのである。その縄張りである高度6000フィート（1830m）以下では、この型は水平速度でFw190に肩を並べ、Bf109Gよりも速かった。より高空性能の優れた戦闘機に上空掩護された場合、LFVは低空ではどんな敵にも苦しい戦いを強いることができた。

chapter 3
北西ヨーロッパでの戦い
in action over north-west europe

　1941年6月の時点で、イギリス空軍は5個戦闘飛行隊をスピットファイアⅤで改変し終えるか、またはその途中にあった。この月、ドイツはソ連への大規模な攻撃を開始した。イギリス首相ウィンストン・チャーチルは新しい同盟国を何としても援助するべく、ソ連政府に対し、ドイツ軍を西部戦線に押さえつけておくために出来ることなら何でもすると請合った。戦争の性格のこの基本的な転換により、イギリス空軍はドイツ占領下のヨーロッパに向けて、さらに攻撃的な姿勢をとらなくてはならぬ政治的圧力のもとに置かれ、いわゆる「サーカス」作戦が新しい攻勢の重要な部分を占めることとなった。

　「サーカス」は、少数の爆撃機――たぶん6機程度――が、1ダースを上回る戦闘飛行隊の掩護のもとに、白昼攻撃をかけるものだった。こうした作戦の第一の目的は、ドイツ戦闘機を空中におびき出し、これにイギリス戦闘機が戦いをいどんで痛めつけることにあった。目標の破壊は二の次のことだった。

　こうした作戦の典型的なものが、1941年8月7日に実施された「サーカス62号」である。ブレニム爆撃機6機が、18個ものスピットファイア飛行隊と2個のハリケーン飛行隊に護衛されて、リールの発電所を襲うこととなった。うち6個飛行隊――第72、92、603、609、611、そして616飛行隊――がスピットファイアⅤを使用し、さらに4個飛行隊――第41、403、485、そして610――は改変途中のため、MkⅤと古いMkⅡの混成で飛んだ。残る第71、111、222、452、485、602の各飛行隊は旧型スピットファイアで装備され、爆撃機の近

1941年夏、ビッギン・ヒルの分散駐機場で即興のクリケットに興じる第609飛行隊のパイロットたち。背景のMkVB W3238/PR-B The London Butcher は飛行隊長 "ミッキー" ロビンソン少佐の乗機。ロビンソンはこの機でいくつかのスコアをあげ、なかでも1941年7月3日にはBf109Fを2機撃墜、1機を撃破した。1942年4月に戦死した際、スコアは撃墜18、不確実撃墜4、協同不確実撃墜1、撃破8、協同撃破1だった。三柱門キーパーをつとめているのは未来のエース、トミー・リグラー軍曹で、撃墜8、不確実撃墜1、撃破2、協同撃破1のスコアのすべてを、第609飛行隊に勤務した1年間にあげた。(via Jerry Scutts)

タングミーア航空団司令、ダグラス・バーダー中佐が乗機MkVA、W3185／D-B「Lord Lloyd」1から降りる。1941年8月9日、この機体で撃墜され捕虜となったとき、スコアは撃墜20、協同撃墜4、不確実撃墜6、協同不確実1、撃破11に達していた。(via Sarkar)

接掩護にあたった。上空掩護部隊はビッギン・ヒル航空団のMk V装備の3個飛行隊、第72、92、609からなっていた。目標支援部隊はホーンチャーチ航空団の第403、603、611飛行隊と、タングミーア航空団の41、610、616で、完全に、もしくは部分的にスピットファイアMkVで装備されていた。

主力部隊を攻撃しようと現れたドイツ戦闘機はわずか数機にすぎず、そのあとの歯切れの悪い戦闘について、ダグラス・バーダー中佐に引率されたタングミーア航空団の戦闘報告書は次のように記述している。

「航空団は基地上空で集合、ヘイスティングス上空23/24/25000フィート（7010/7315/7620m）でイギリスの海岸を離れ、ル・トゥーケ上空23/24/27000フィート（7010/7315/8230m）で陸地を確認。メルヴィルとル・トゥーケの間で大きく旋回。目標地域へ進行中、およそ1000フィート（300m）上空の多数のMe109（Bf109）と遭遇。敵は右舷方向から太陽を背にして降下してきた。わが航空団がこれを攻撃すべく回頭すると、敵は戦おうとせずに降下を続けたが、結局は格闘戦となった。こうした戦法がアズブルーク、メルヴィル、リール地区で、またフランス海岸へ戻る途中で繰り返された。Me109は海岸で離れて行った。各飛行隊はル・トゥーケとブーローニュの間でばらばらに海岸線を越え、1855時までに、第41飛行隊のひとりのパイロット（ギルバート・ドレーパー大尉。撃墜され捕虜となった――編集者注）を除いて全機が帰還した」

同じ時間に、ビッギン・ヒルとホーンチャーチの両航空団も同様の、要領を得ない戦いをした。ブレニム爆撃機隊は無傷でリールに到達したが、目標は雲に覆われていた。そこで進路を変え、代わりの目標として、グラヴリーヌ運河のはしけに爆弾を投下した。ドイツ戦闘機隊はその矛先をおもにハリケーンの2個飛行隊と、帰還の際にしんがりをつとめた3機のスピットファイアIIに向け、イギリス空軍は敵3機撃墜、3機不確実撃墜の代償に、味方合計6機を失った。

タングミーア航空団バーダー司令と、彼のもとで飛んだ部下二人で、左から"ジョニー"・ジョンソン中尉と"コッキー"・ダンダス大尉。ジョンソンはやがてスピットファイア最大のエースとなり、撃墜34、協同撃墜7、不確実撃墜3、協同不確実撃墜2、撃破10、協同撃破3をあげて終戦を迎えた。"コッキー"・ダンダスは撃墜4、協同撃墜6、協同不確実撃墜2、撃破2、協同撃破1で戦いを終えた。

クリストファー・"バニー"・カラント少佐は1941年8月から1942年6月まで、第501飛行隊の指揮官を務めた。終戦時のスコアは撃墜10、協同撃墜5、不確実撃墜2、撃破12。(via Sarkar)

第72飛行隊のMkVBが、射撃場の土盛りに向かってイスパノ20mm機関砲弾を吐き出している。1941年9月、たぶんビギン・ヒルで。左翼下面から薬莢が落下しつつあるのに注意。スピットファイアの火砲の調整過程では、こんな射撃は行われないから、ほぼ間違いなく、カメラマン用演出写真である。もし具合の悪そうな火砲があれば、取り外して個別にテストされるのが普通だった。(via Sarkar)

「サーカス62号」は、こうした作戦の遂行に際して戦闘機軍団が背負った困難をよく示している。ドイツ戦闘機隊は侵入部隊に対して、戦うべきか否か、またいつ、どこで戦うか、選択ができ、そして戦う際は必ず、最小限のコストで敵に損害を与えることができる最良のチャンスを得たときのみ戦った。

単に双方の喪失機数という観点だけから考えるなら、「サーカス」作戦はイギリス空軍にとって成功ではなかったし、そもそも成功しそうもないことだった。だが政治的責務が、ドイツ昼間戦闘機部隊を西部戦線に引き止めておくことを命じており、そうするためにイギリス空軍が選んだ手段が「サーカス」だった。さらなる理由もあった。戦争では、戦闘機隊は戦う機会が必要であり、さもないとその士気や戦意、戦闘能力は衰えてゆく。敵地上空にひんぱんに部隊を送って攻勢をかけることで、サー・ショルトー・ダグラスは1941年から42年にかけての困難な時期、戦闘機軍団を有能な戦力として保ち続けたのである。

第72飛行隊の武装整備員が左翼のイスパノ機関砲の砲身を掃除している。

ビッギン・ヒルの第72飛行隊分散駐機場の上を低空で高速航過する同部隊のMkVB。

Fw190の登場
Enter the Fw190

　さきにも述べた通り、スピットファイアVBは登場当時、ドイツ側のその最良のライバル、Bf109Fとほぼ互角だった。だがこの状況は長くは続かなかった。すなわち1941年の晩夏、ドイツ空軍は全く新型の、将来さらに性能向上の可能性を秘めた戦闘機、フォッケウルフFw190を登場させたのである(詳細は本シリーズ第18巻「西部戦線のフォッケウルフFw190エース」を参照)。

　この新型ドイツ戦闘機が北フランスで初めて実戦に登場したとき、戦闘機軍団は大きな衝撃を受けた。Fw190はすべての高度においてスピットファイアVより時速25から30マイル(40～48km/h)ほど速く、上昇力、降下速度、横転の速度でも勝っていた。実際のところ、新しい相手に対するスピットファイアVの唯一の優越点は、より小半径の旋回が可能なことだけだった(この2種の戦闘機の比較テストについては付録を参照のこと)。

　イギリス空軍にとって幸いにも、この新型敵戦闘機は初期的トラブルに苦しんでいた。BMW製の星型エンジンが飛行中にしばしばオーバーヒートし、ときにはパイロットは火災の危険を避けるため、スイッチを切らなくてはならぬほどだった。事実、しばらくの期間、Fw190のパイロットは海岸線まで滑空して戻れる距離より遠くの海上を飛ぶことを禁止されていたほど、事態は悪

第308「ポーランド」飛行隊のMkVBがノーソルト基地へ帰還、フラップを下ろし、着陸進入する。
(via Sarkar)

かった。加えて、ドイツ空軍の大部分はいまや東部戦線で戦っており、西部戦線に残っていた戦闘機勢力は比較的小規模なものだった。

1941年の後半、天候が悪化するにつれ、イギリス空軍が占領下ヨーロッパに向けて、「サーカス」その他の攻勢をかける回数は次第に減少した。10月には5回、11月に2回、そして12月には全くのゼロとなった。

1941年を通じて、スピットファイアの生産は損耗をはるかに上回り、この戦闘機を運用する部隊の数は大幅に増えた。イギリス本土航空戦ではわずか19個飛行隊がスピットファイアで飛んでいたに過ぎなかったが、1941年9月には27個となった。さらに1941年の終わりには、戦闘機軍団は大部分がMk Ⅴからなるスピットファイア飛行隊を46個保有していた。

黒いスピットファイア
Black Spitfires

1941年11月、スピットファイアⅤB装備の第111飛行隊は、ノースウィールドからデブデンへの短い距離を移動し、同じ装備の第65飛行隊とともに夜間飛行訓練を開始した。これはドイツ空軍がイギリス本土に対して大規模な夜間爆撃を再開するのではないかと恐れた戦闘機軍団が、その脅威に対抗するため、急いで高速の夜間迎撃隊を求めたものだった。

新しい任務に備え、両部隊のスピットファイアは全面、つやのない黒色に塗りなおされ、国籍マークと飛行隊識別文字も、胴体と垂直尾翼のものはそのまま残されたが、主翼上下面のものは塗りつぶされた。整備兵たちは、それまでの丸型排気管をフィッシュテール型排気管 [排気管出口が平らにつぶされ、魚の尾に似た形をしている] に取替え、さらにコクピットの前方に目隠し用板を取り付けた。どちらの改造も、夜間出撃の際に、パイロットの視界を排気炎のまぶしさの影響から少しでも守るためだった。

このスピットファイアはレーダー誘導のサーチライトと協力して、いわゆる「スマック(一本マストの小型帆船)」迎撃戦術を行うことになっていた。敵機が海岸に近づくと、地区管制官は戦闘機に緊急出動を命令し、スピットファ

1942年2月2日、北フランス上空の激戦から帰還直後の第118飛行隊、ピーター・ハワード-ウィリアムス大尉。大尉はこの戦闘でBf109Fの1機撃墜、2機撃破を報告したが、自機も機関砲弾1発を受けた。終戦時のスコアは撃墜4、協同撃墜1、不確実撃墜1、撃破2。(via Sarkar)

MkVB AD199は第71、145、308飛行隊を経て、1942年3月、第403「カナダ」飛行隊に移籍した。数週間後、ホーンチャーチでトーチカに衝突して破損(写真)、修理されたのち、第121、277飛行隊で使用された。第277飛行隊では1944年6月のノルマンディ上陸の際、空海救難作戦にも参加した。本機は大戦を生き残り、1945年10月に退役した。

イアのパイロットたちは個々に離陸、あらかじめ命じられていたパトロール地域——垂直に立つ一本のサーチライト光線が目印——に向かう。パトロール地域に到着すると、パイロットはその光線の周りを命じられた高度で旋回しながら待つ。敵機がその地域に近づくと、サーチライトの光線が振られ、ついで20°の角度まで下がって、戦闘機の進むべき方向を指す。それからあとの手順については、のちに昼間空戦でエースとなるピーター・ダーンフォード軍曹が説明している。

「我々はその光線に従って、もう一本の垂直な光線が点灯するまで飛ぶ。ついでその光線が揺れ動いて、次に我々が進むべき方向を指す。我々が侵入者に接近すると、ラジオから『コーン（円錐形に絞れ）！』の命令が流れるとともに、いくつかのサーチライトが点灯して、目標機を光線のなす円錐のなかに捕捉する。目標が見えたところで、我々が攻撃することになっていた」

ふたつの飛行隊はこの「スマック」の手順を定期的に練習したが、なぜかこの戦術を味方機相手にテストしてみることは許されなかった。これはパイロットたちが初めから敵を相手に、ぶっつけで「本番」を行うことを意味していた。結局のところ、予想された敵の攻撃は実現せず、黒いスピットファイアが夜間に戦う事態は一度も起きなかった。とはいえ彼らは一度、戦うことになるのだが、それは白昼のことだった。

1942年2月12日、ドイツ巡洋戦艦「シャルンホルスト」および「グナイゼナウ」、それに巡洋艦「プリンツ・オイゲン」と数隻の小型艦艇が、いくつかのフランスの港を発し、ドーヴァー海峡を北東に向け突破して、ドイツへ帰国の途についた。西部戦線で得られる限りのドイツ戦闘機が、これの援護にあたった。ダーンフォードは回想する。

「その夜じゅう、我々は分散待機所に寝て待った。朝方、近くを少しばかり飛び、休みに入ったところで、突然、我々は再び待機を命じられた。航空団司令がブリーフィング室に走りこんで来て、『ドイツ艦隊が英仏海峡を通ってやっ

1941年12月、デブデンで、第111飛行隊のMkVB JU-Hとピーター・ダーンフォード軍曹。この部隊は約2カ月のあいだ夜間迎撃任務を割り当てられ、機体全面を艶消し黒に塗装し、シリアルナンバーと主翼の「蛇の目」も塗りつぶしていた。(Durnford)

第616飛行隊長コリン・グレイ少佐乗機、MkVB YQ-A。1942年1月、キングスクリフで。ニュージーランド人グレイのスピットファイアでの戦歴は、オスプレイ軍用機シリーズ7「スピットファイアMkI/IIのエース 1939-1941」および「Late Mark Spitfire Aces 1942-45」で解説してある。グレイはスピットファイアVB装備の第616飛行隊を1941年9月から1942年2月まで指揮した。当時この部隊はミッドランド（イングランド中部）地方に基地を置いていたため、グレイはほとんど敵機に遭遇できず、この期間には全くスコアをあげていない。大戦終結時、おもにMkIとIXであげた彼の合計スコアは撃墜27、協同撃墜2、不確実撃墜7、協同不確実4、撃破12だった。(Thomas)

て来る。私に続け！』と叫んだ。

　司令が飛び立ち、我々が続いた。我々はノースウィールドから来るスピットファイアの飛行隊と待ち合わせするはずだったが、悪天候のせいで会えなかった。海上に出たところで、気がついたら我々は109の大群のなかに飛び込んでいた。危険な低空で取っ組み合いが始まり、飛行隊は散り散りに別れてしまった。私は1機の109を撃ち、コクピットのあたりに弾着を見た。敵は背面になり落ちていった。高度はたいへん低く、100フィート（30m）かそこらだったから、奴は助からなかったに相違ない（私はのちに「不確実撃墜」1機を与えられた）。

　ついで何隻かの艦艇の上を通り過ぎたが、これらは私と僚機に向けて盛んに対空砲火を浴びせてきた。僚機とは離れ離れになってしまったが、燃料が乏しくなり、結局、私は帰還することにした。視界は悪く、どこか着陸できる場所を探すのに苦労させられた。ようやくノースウィールドに降りると、着地と同時にプロペラが止まった。滞空2時間10分、燃料は使い果たしていた」

　これが、黒いスピットファイアでのピーター・ダーンフォードの唯一の敵との交戦だった。この出来事のあと、ふたつの飛行隊は夜間任務を解かれ、翌月には部隊のスピットファイアは通常の昼間戦闘機用迷彩に戻された。ダーンフォードはのち1942年8月、第124飛行隊でスピットファイアVIを飛ばしていたとき、侵攻作戦が行われたディエップ海岸の上空でエースとなり、最終的には5機撃墜、1機撃破のスコアを残した。

苦難のとき
Hard Times

　1942年春には天候は順調に回復し、イギリス空軍は占領下ヨーロッパ大陸内の目標に向けて昼間攻勢を再開することが可能となった。スピットファイアVは、性能的な限界はあったものの、依然、就役機のなかでは最も有能であり、空中戦では主力をつとめさせられていた。戦闘機部隊の全般的能力

1942年2月28日、対空砲火に撃たれてフランスに不時着したビッギン・ヒル航空団司令、ロバート・スタンフォード・タック中佐の乗機、MkVB RS-Tの傍らに立つドイツ兵たち。シリアルナンバーは塗り消されているが、BL336と思われる。捕虜となった時点で、タックは撃墜27、協同撃墜2、不確実撃墜6、撃破6、協同撃破1を認められていた。

向上策として、ホーンチャーチとケンリー両航空団の6個飛行隊（当初は第64、313、402、457、485、602各飛行隊）は、新しい30ガロン（136リッター）入り落下タンクを携行できるように改造されたスピットファイアVBを受領した。燃料の余裕が生じたおかげで、これらの部隊は以前より長時間、スロットルのセッティングを高く保って飛ぶことができ、従って、より高い高度で巡航できるようになった。これら部隊は他の飛行隊が攻撃に加わるときは上空掩護をつとめた。このスピットファイアの速度と高度の面での改善は大きくはなかったものの、数が増す一方のFw190に対抗させられるイギリス空軍のパイロットたちは、得られるかぎりの助けを必要としていた。

MkVCの列線で、パイロットが座席に座り、整備員たちが「忙しく」働く演出味たっぷりの情景。1942年5月、ホーキンジの第91飛行隊で。右端のAB216／DL-Z Nigeria Oyo Provinceは飛行隊長ボブ・オックススプリング少佐（座席ベルトをつけている）の乗機。イギリス本土航空戦以来の古強者オックススプリングは大戦を生き抜き、撃墜13、協同撃墜2、不確実撃墜2、撃破12の記録を残した。
(via Robertson)

1942年5月、第64飛行隊長ウィルフレッド・ダンカン-スミス少佐の搭乗するMkVB SH-Z Atchashikar。シリアルは塗り消されているが、たぶんBM476。この前月、部隊に新品で支給されたこの機で、ダンカン-スミスは5月17日、Fw190 1機の撃墜を認められた。本機はこのあと第154、165、122、234、303、26各飛行隊と第58実戦訓練隊で使われ、1943年5月に空中事故で登録抹消となった。終戦時のダンカン-スミスのスコアは撃墜17、協同撃墜2、不確実撃墜6、協同不確実撃墜2、撃破8。
(via Robertson)

1942年7月、ルダムにおける第610飛行隊のMkVB BL584/DW-Xで、デニス・クロウリーミリング大尉の乗機。クロウリーミリングの終戦時のスコアは撃墜4、協同撃墜2、不確実撃墜1、協同不確実撃墜1、撃破3、協同撃破1。(via Sarkar)

第332「ノルウェー」飛行隊のMkVBの整備をする地上勤務員たち。「トロリー・アック」始動装置に積まれ、機体にプラグで連結されているのは、蓄電池充電用の「チョア・ホース(雑役馬)」エンジン。(via Jarrett)

　一方、ドイツ空軍の側では、第2および第26戦闘航空団の6個の飛行隊すべてがFw190に機種改変を済ませ、この恐るべき戦闘機を約260機も集めていた。初めのころ問題となったエンジンのトラブルは、このころにはおおむね解決し、ドイツのパイロットたちは乗機の能力を存分に発揮でき、より大きな自信をもって戦えることになった。

　事態が沸騰点に達したのは1942年6月1日、「サーカス178号」の際のこと。攻撃部隊は爆装した8機のハリケーンで、ベルギー北部の目標に向かった。ホーンチャーチとビッギン・ヒル両航空団から、スピットファイアⅤの7個飛行隊が援護につき、デブデン航空団の4個飛行隊は目標地区上空で支援を行った。第26戦闘航空団第Ⅰおよび第Ⅲ飛行隊の約40機のFw190は、レーダ

1941年11月から1942年8月まで、第131飛行隊長を務めたマイケル・ペドリー少佐。終戦までに撃墜3、協同撃墜2、撃破3のスコアをあげた。第131飛行隊は1941年の編成直後にケント州の人々の後援を受けることになり、同州の紋章「前脚をあげた白馬」に、飛行隊にふさわしく翼を付け加えたマークが部隊機に描かれた。写真のスピットファイア、Spirit of Kent／Lord Cornwallisは、さまざまな人や組織からイギリス空軍に献納された多数の機体のひとつ。(via Robertson)

ーに誘導され、エースである"ピップス"・プリラー大尉の指揮のもと、太陽の中から侵入者に奇襲を加えた。この勢いを食らったのはデブデン航空団で、指揮官機を含む4機のスピットファイアを失い、さらに5機が損傷を受けて帰還した。フォッケウルフの側には重大な損傷を受けた機体はなかった。

翌日も同様に戦闘機軍団にとっての厄日となった。スピットファイア2個航空団が、サントメール地区に「ロデオ」——爆撃機を伴わぬ、多数の戦闘機だけによる強襲——を実施した。ふだん、ドイツ空軍はこうした襲撃は無視していたが、この日は違った。第26戦闘航空団第Ⅰおよび第Ⅲ飛行隊のFw190が大規模な攻撃をかけ、イギリス本土航空戦で名をあげたエース、アラン・ディーア少佐の指揮する第403（カナダ人）飛行隊が受身に回った。以下の戦闘記録は、ディーアの自伝『Nine Lives』(Hodder & Stoughton 1959) に収められている。

「進攻の途中、フランスの海岸線を越えて間もなく（ホーンチャーチ航空団の上を飛ぶノースウィールド航空団の、さらに最上部の飛行隊で飛んでいた——編集者注）、管制官が敵側の動きを告げた。無線通信機には敵勢力について、さまざまな報告が入ってきたが、ようやく敵戦闘機が姿を現したのは帰途、ル・トゥーケまで20マイル（32㎞）ほどのところだった。ここで"ミッチ"（エドワード・V・ダーリング大尉。イギリス本土航空戦で5機を撃墜したエースで、この日は第403飛行隊の小隊長をつとめ、撃墜され戦死）が、1ダースほどのFw190が真後ろから同高度で急速に接近してくることを告げた。私もすぐに敵を視認し、飛行隊に"退避"準備をするよう警告した。こうした不測の事態の際にどう動くか、我々は練習していた。2分隊が攻撃してくる敵に向かって旋回し、1分隊はこれらと逆の方向の上空に向けて離脱するというものだった。

『奴らは近づいて来ます、トビー・リーダー』心配で息のつまった声で、"ミッチ"が何らかの行動を促した。

『OK、青1番、私にも見える。退避指示を待て』

「ドイツ野郎たちが、私の意図する運動にちょうどいい距離に来たようだと判断したとき、私は命令を下し

レイナルド・グラント少佐は1942年5月から1943年3月にかけ、第485「ニュージーランド」飛行隊長を務めた。自身ニュージーランド人だったグラントは1944年2月、第122航空団司令としてフランスへ「ラムロッド」攻撃を主導した際に、マスタングⅢで戦死した。戦死当時のスコアは撃墜7、協同撃墜1、不確実撃墜1。(via Franks)

西オーストラリア生まれのヒューゴー"井戸掘り"アームストロング少佐（右）は1942年春と夏、スピットファイアVB装備の第72飛行隊の小隊長を務め、9月にはビッギン・ヒルの第611飛行隊長となった。1943年2月3日、英仏海峡上空でMkIXで戦死するまでに、撃墜10、協同撃墜1、不確実撃墜3、撃破2をあげていた。左は第611飛行隊付きの定員外の少佐、J・H"ガース"・スレーター少佐で、1943年3月14日に戦死した。(via Franks)

MkVB AA834は、カナダ人部隊である第403飛行隊が1942年6月2日、ドイツ第26戦闘航空団のFw190に大損害を受けた際の所属機だった。この機体は生き残ったが、1943年4月27日、部隊がケンリーから出撃した際に戦闘で失われた。(Bracken via Fochuk)

た。
『トビー飛行隊、左に外せ』
「私の右で、黄分隊が上に退避、私は青分隊を外側に、接近してくる敵戦闘機に向かって急旋回した。半分ほど旋回を終えたところで、黄分隊を求めて上方と左方の空に目を走らせたとき、もうひとつのFw190編隊が、我々の真横、ほぼ2000フィート（600m）ほど上空の薄い層雲から現れたのを見て、私は仰天した。これにはもう打つ手がない。最初のFw190編隊は、いまほぼ旋回を終えた私の分隊の正面にいる。ドイツ野郎たちは急速に接近して我々の上に回ったので、ほんの一瞬しか射撃する時間はなかった。
『気をつけろ、赤リーダー、上と右側からもっとやって来るぞ』
「私は嫌がるスピットファイアを、この新しい攻撃に向けて乱暴に変針させ、次の瞬間、敵戦闘機群のなかに呑み込まれた——上でも下でも、また左右でも、私の分隊に向かって敵が群がっていた。前上方で、1機のFw190が無用心なスピットファイアの機腹部に機関砲弾を撃ち込むところがちらと見えた。わずかな時間、スピットファイアは空中に静止したように見え、次の瞬間、内側に折りたたまれたように二つに分解し、破片が大地に向かって落ちて行った。Fw190の4門の機関砲と2挺の機銃の威力の如実な証明だった。
「私は何とか敵に食いつかれないように、また自分がうまく攻撃位置につけるように、乗機をくねらせ、旋回させた。このフォッケウルフのパイロットたちのように、ドイツ野郎が最後まで踏みとどまって戦うのは今まで見たことがなかった。メッサーシュミット109では、ドイツ野郎の戦術はいつでも同じ、高速で一航過して離脱するもので、旋回性能に勝るスピットファイアに対しては理にかなったやり方だった。このFw190のパイロットたちはそうではなく、自信にあふれていた。
「目標には事欠かなかったが（Fw190A-2とA-3で30機以上——編集部注）、これと戦うスピットファイアはひどく少なかった（わずか12機）。私の僚機マーフィー軍曹が、いまだに忠実に私の後ろに従っていてくれるのは分かっていたものの、戦闘区域に何機のスピットファイアがいるのか、もしくは、飛行隊が背後からの脅威に立ち向かったときから始まった予期せぬ激戦を、いったい何機のスピットファイアが生き延びたのかを知ることは不可能だった。攻撃に

1942年5月から12月まで、第303「ポーランド人」飛行隊長を務めたヤン・ズムバッハ少佐。大戦終結時のスコアは撃墜12、協同撃墜2、不確実撃墜5、撃破1。(B Arct Collection via Matusiak)

MkVB EN951／RF-Dのコクピットに収まったズムバッホ。「怒れるドナルド・ダック」のマークとスコアボードは1942年10月当時のもの。この機体は1942年6月に新品で第133飛行隊に支給され、間もなく第303飛行隊に移籍し、ズムバッホの個人乗機となって、1942年12月に彼が指揮官職を退くまで使われた。その後、第315、504、129各飛行隊を経て、中央射撃学校に渡され、終戦時にもまだ教材用に使われていた。[バックミラー支柱を延長してあることに注意]

第302飛行隊所属のこのMk VBの機首に塗られた4本の白帯は、1942年8月19日に行われたディエップ上陸作戦の支援にあたった多くのスピットファイア部隊機に施された。この機体は当日、第1ポーランド戦闘航空団を指揮したステファン・ヴィトージェンニッチ中佐の乗機。[水平尾翼上面にも気流方向に2本の白帯が描かれている]

　つぐ退避、退避につぐ攻撃、それでもマーフィーは意思堅固について来ていたが、最後に、私が残り少ない弾薬を1機のFw190に浴びせようとしていたとき、彼が叫ぶ声が聞こえた。
『赤1番、右に退避。私がやります』
「私が退避すると、1機のFw190がマーフィーの素早い行動に妨げられて私から急角度で離れ、そのあとをマーフィーが追ってゆくのが見えた。私は弾薬を使い果たしたので、まだ敵戦闘機がうようよしている空から脱出する方法を考えようとしたが、スピットファイアは1機も見えなかった。旋回と急降下を繰り返し、私は何とか海岸を離れることができ、全速で降下しながら帰還の途についた」
　第26戦闘航空団第Ⅰ・第Ⅱ飛行隊と、第403飛行隊の7分間にわたる絶望的な戦いのなかで、7機のスピットファイアが撃墜され、Fw190の側には大きな損傷を受けた機体は1機もなかった。さらに2機のスピットファイアがひどい

損傷を受け、英仏海峡をかろうじて越えて戻ったが、うち1機はのちに登録抹消処分となった。

数週間して、戦闘機軍団総司令官サー・ショルトー・ダグラス大将は空軍次官シャーウッド卿に宛てて強い調子の書簡を送り、自分の戦闘機部隊はかつてドイツ空軍に対して保持していた技術的優位を失ってしまったと苦情を述べた。彼は続けていう。

「疑いなく本官は、いな、本官のみならず部下の戦闘機パイロットたちも、Fw190が今日、世界最良の万能戦闘機であると思考いたします」

しかし、救いの手はすぐそこに来ていた。新しいスピットファイアMk IXがそれである。Mk Vと同様に、この型も、現存の機体にもっと大馬力のエンジンを積めるよう、大急ぎで改造したものだった。今回の機体はMk VC、そしてエンジンには2段式過給機付きのマーリン61が選ばれた(詳細はOsprey Aircraft of the Aces 5「Late Marque Spitfire Aces 1942-45」を参照されたい)。Mk IX装備の最初の部隊、第64飛行隊はすでに編成中で、新型スピットファイアは7月末には実戦に登場した。Mk IXの性能はほぼFw190に匹敵しており、まずはMk Vで飛んでいる部隊の上空掩護を務めることになった。1942年8月の時点で、戦闘機軍団はこの新型機を4個飛行隊に実戦配備し、他の部隊も編成の途中にあった。

「ジュビリー」作戦
Operation Jubilee

スピットファイアV部隊は1942年8月19日、北フランスのディエップ港への上陸作戦「ジュビリー」を支援して戦い、それまでで最大の厄日を経験した。全部で48個のスピットファイア飛行隊が出動し、うち42個がMk V、2個がMk VI、4個がMk IXを装備していた。

イギリス本土航空戦のエース、ピーター・ブラザーズ少佐は当日、Mk V装備の第602飛行隊を率いて四度のパトロールに出撃し、Fw190を1機撃破した。彼はその一日が進んでゆくうちに、空戦の性格がはっきりと変化したことを回想する。

「ジュビリー作戦は、戦いがどのように展開してゆくかを示してくれた点で興味深いものだった。私の飛行隊は夜明けとともに、最初に海岸上空2000フィ

ステファン・ヴィトージェンニッチ中佐はイギリス本土航空戦で戦い、やがて最も優れたポーランド人戦闘機隊リーダーのひとりとなった。終戦時のスコアは撃墜5、協同撃墜1、撃破2。
(Flt Lt Bochniak via Matusiak)

ディエップ上陸作戦(「ジュビリー」作戦)のマークを施された第310「チェコ」飛行隊のMkVB。同作戦ではこの部隊はフランティシェク・ドレザル少佐に率いられ、レッドヒルから飛び立った。少佐は上陸地上空でDo17 1機の不確実撃墜と、Fw190 1機の撃破を認められた。(via Hurt)

ート（610m）にパトロールに出た部隊のひとつだったが、そのときは事実上ほとんど空中に動きはなかった。我々は予定通り交替し、燃料補給のため帰還した。そして二度目の出撃で再び戻ったときは、すでに本当の活動が始まり、ドイツの中型爆撃機の編隊が隠れ場所を求めて、高度4000フィート（1220m）にある雲の底へ向けて上昇しようとしていた。天候が回復したので、我々はパトロールの高度を5000フィート（1520m）に上げた。そして午後遅く、四度目の、そして最後の出撃の終わるころには、我々は20000フィート（6100m）で巡航していた！　この日の出来事は高度の利を占めることが空戦ではどれほど重要かを如実に示し、そこで我々は天候が回復してゆくにつれて有利な高度に上がっていった。

「この日の四度の出撃のうち、我々の飛行隊にとっては二度目のパトロールが最もエキサイティングなものだった。相当数のFw190に護衛されたJu88とDo217の大編隊を迎撃したのだ。私はどちらのドイツ爆撃機にも攻撃を試みたが、いずれの場合も圧倒的な数のFw190のために途中で避退しなくてはならなかった——実際、私の僚機M・F・グッドチャップ少尉も撃墜され捕虜となってしまった。こういう残忍な戦いだったから、1機の敵の撃墜に専念することなど不可能で、私は1時間も続いた回避運動中、私の射撃領域を横切る敵機を腰だめで撃つことしかできなかった」

この日、スピットファイアMk V部隊は飛行隊規模のパトロールを延べ150以上、ソーティを1800以上（当日、連合軍機によって行われた延べ出撃2600以上のうちから）実施し、一日あたりではそれまでで最悪の損害を記録した。当日の連合軍機喪失合計100機のうち、スピットファイアが撃墜されたものが53機だった。

［1942年8月19日、イギリス・カナダ連合軍6100名は英仏海峡に面するフランスのディエップ港への強行上陸を試みたが、ドイツ軍の堅守に阻まれ、1027名の死者と2340名の捕虜を出して失敗に終わった。ジュビリー作戦という］

低高度作戦
Low Altitude Operations

1942年7月にスピットファイアIXが登場したあと、いくつかのイギリス空軍

1942年夏、ポートリース航空団司令を務めていたミンデン・ブレーク中佐。ディエップ上陸作戦中、Fw190 1機を撃墜したが、その直後にみずからも撃墜されて捕虜となった。当時のスコアは撃墜10、協同撃墜3、協同撃破1。(via Franks)

1942年8月19日、ディエップ上陸支援作戦で、ミンデン・ブレークが撃墜され、捕虜となった際の乗機MkVB W3561/M-B。当日はエンジンカウリングに、この作戦用の白帯を描いていたと思われる。(via Franks)

カラー塗装図
colour plates

解説は94頁から

1
MkVA　W3185/D-B　Lord Lloyd　1941年8月　タングミーア
タングミーア航空団司令　ダグラス・バーダー中佐

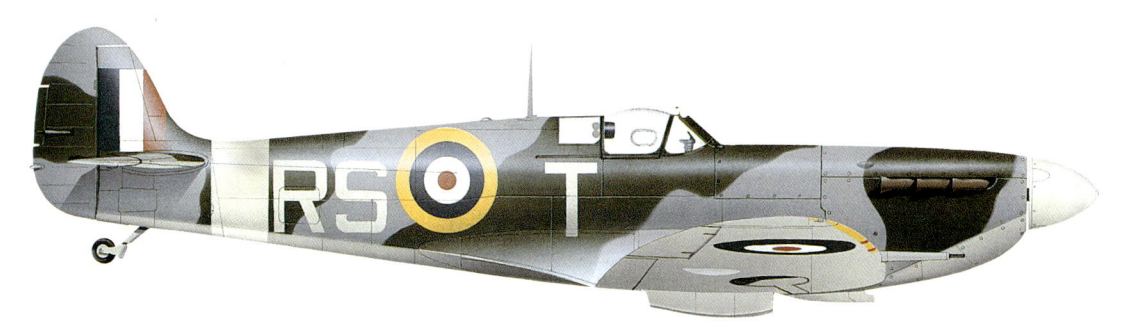

2
MkVB　RS-T　1942年1月　ビッギン・ヒル
ビッギン・ヒル航空団司令　ロバート・スタンフォード・タック中佐

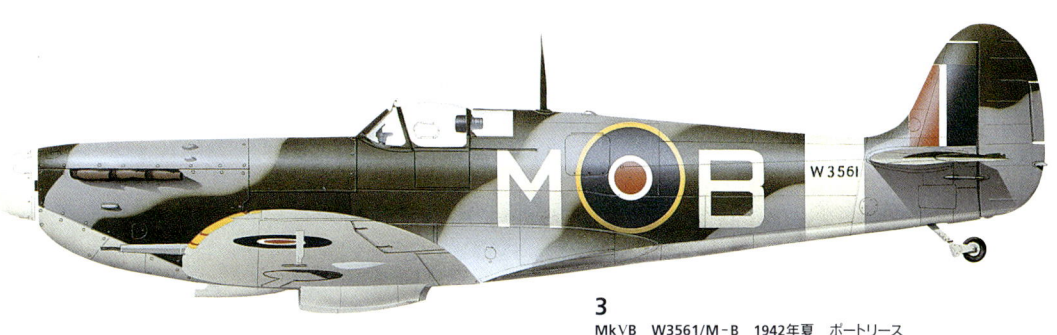

3
MkVB　W3561/M-B　1942年夏　ポートリース
ポートリース航空団司令　ミンデン・ブレーク中佐

4
MkVB　AB502/IR-G　1943年4月16日　グブリーヌ南飛行場
第244航空団司令　イアン・グリード中佐

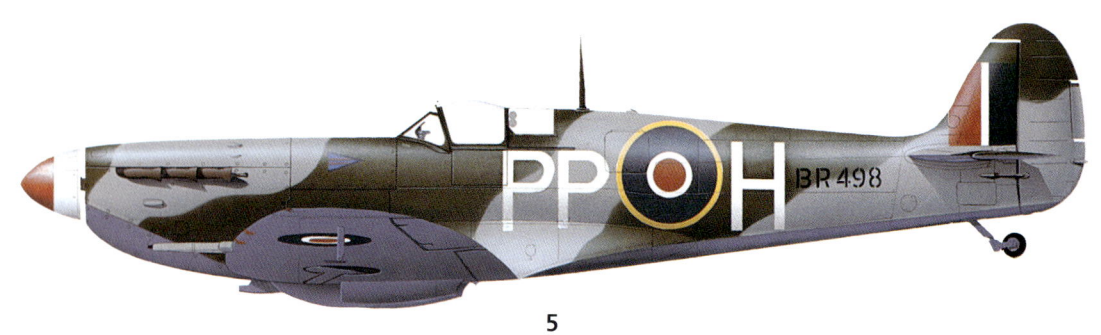

5
MkⅤC　BR498/PP-H　1942年10月　ルカ飛行場
ルカ航空団司令　ピーター・ブロッサー・ハンクス中佐

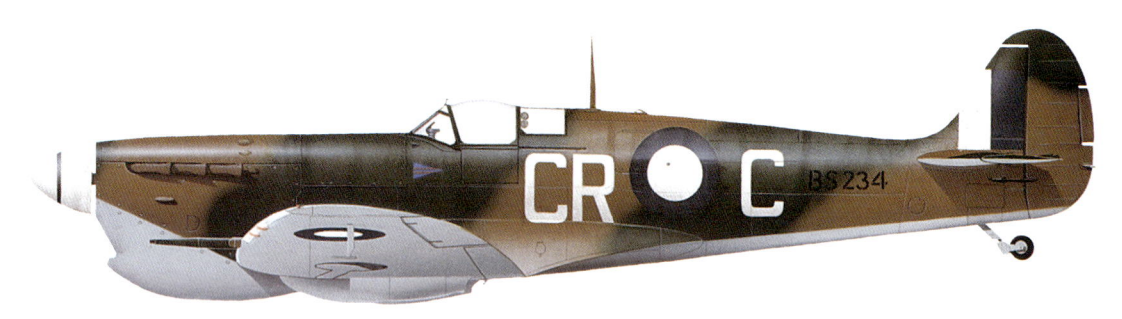

6
MkⅤC　BS234（A58-95）/CRC　1943年3月　リヴィングストン
オーストラリア空軍第1戦闘航空団司令　クライヴ・コールドウェル中佐

7
MkⅤC　BS164（A58-63）/DL-K　1943年7月　ダーウィン
第54飛行隊長　エリック・ギブス少佐

8
MkⅤB　SH-Z　Atchashikar　1942年5月　ホーンチャーチ
第64飛行隊長　ウィルフレッド・ダンカン-スミス少佐

9
MkⅤB　BM361/XR-C　1942年8月　グレーヴゼンド
第71「イーグル」飛行隊長　チェスリー・ピーターソン少佐

10
MkⅤC　AB216/DL-Z　Nigeria Oyo Province　1942年5月　ホーキンジ
第91飛行隊長　ロバート・オックススプリング少佐

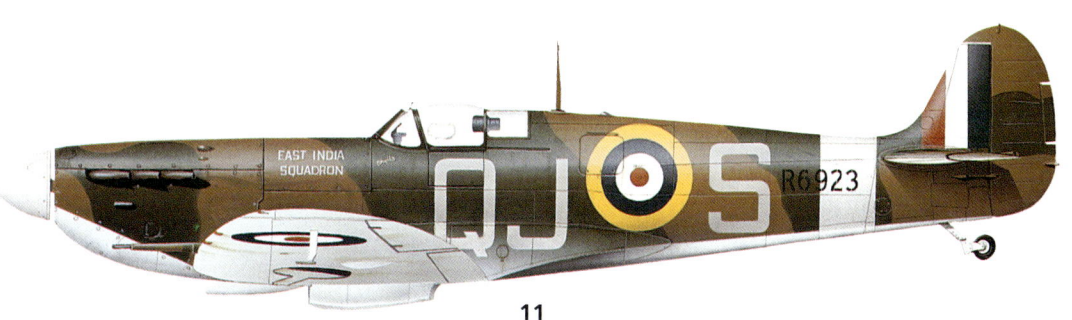

11
MkⅤB　R6923/QJ-S　1941年5月　ビッギン・ヒル
第92飛行隊　アラン・ライト中尉

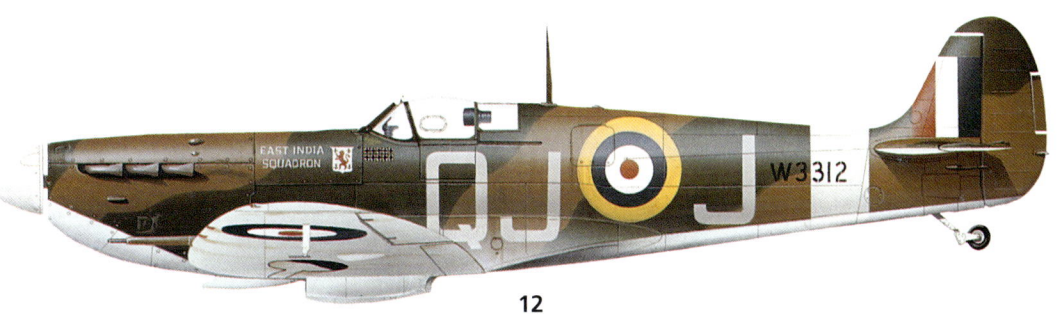

12
MkⅤB　W3312/QJ-J　Moonraker　1941年8月　ビッギン・ヒル
第92飛行隊長　ジェイムズ・ランキン少佐

13
MkⅤB　JU-H　1941年12月　デブデン
第111飛行隊　ピーター・ダーンフォード軍曹

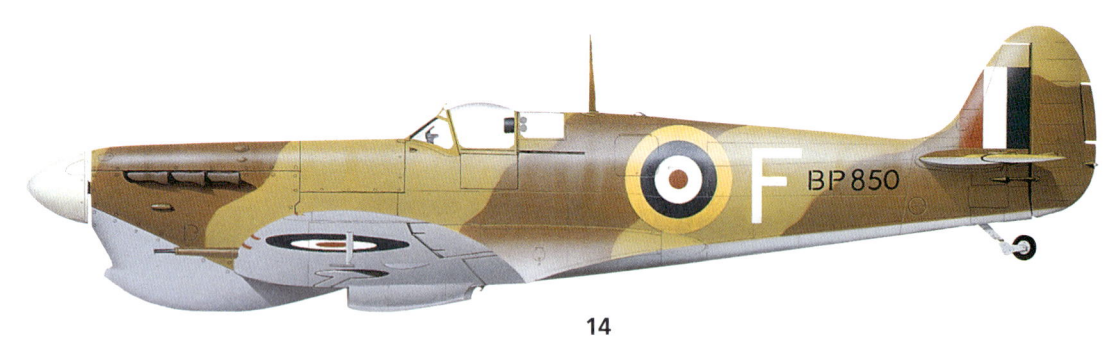

14
MkⅤB　BP850/F　1942年4月　タカリ
第126飛行隊　パトリック・シェイド曹長

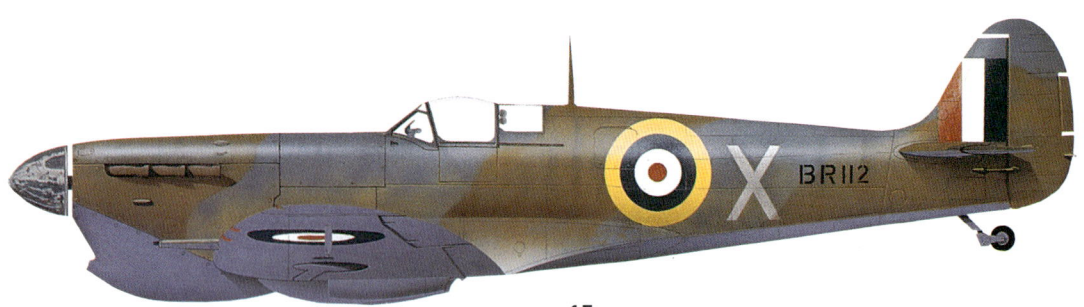

15
MkⅤC　BR112/X　1942年9月　クレンディ
第185飛行隊　クロード・ウィーヴァー軍曹

16
MkⅤB　AD233/ZD-F　West Borneo　1942年3月　ノースウィールド
第222飛行隊長　リチャード・ミルン少佐

17
MkVC　JK715/SN-A　1943年6月　ハルファー
第243飛行隊長　エヴァン・マッキー少佐

18
MkVB　AB262/GN-B　1942年3月　タカリ
第249飛行隊　ロバート・マクネア中尉

19
MkVC　BR323/S　1942年7月　タカリ
第249飛行隊　ジョージ・バーリング軍曹

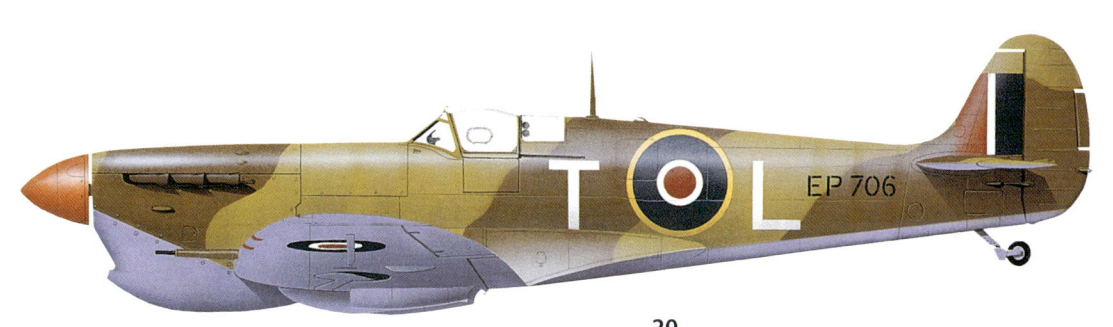

20
MkVB　EP706/T-L　1942年10月　タカリ
第249飛行隊　モーリス・スティーヴンス少佐

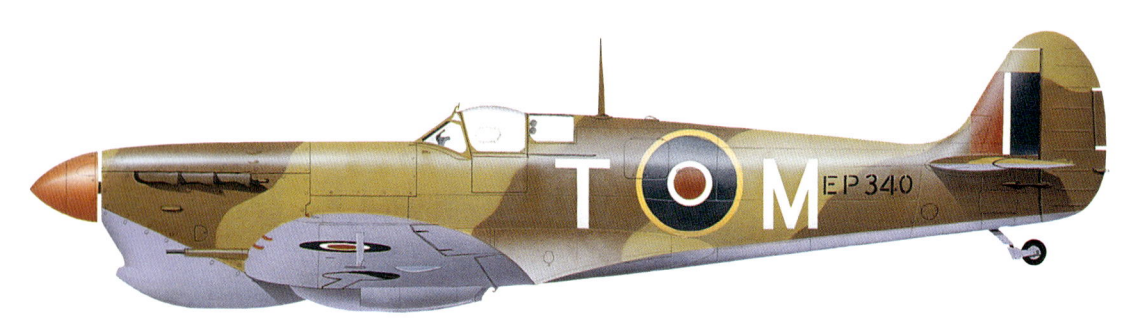

21
MkⅤB　EP340/T-M　1942年10月　タカリ
第249飛行隊　ジョン・マケルロイ中尉

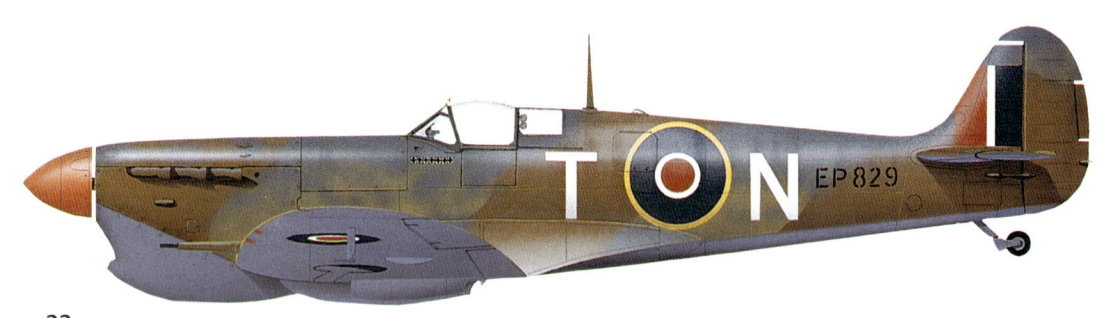

22
MkⅤB　EP829/T-N　1943年4月　クレンディ
第249飛行隊長　ジョーゼフ・リンチ少佐

23
MkⅤB　AA853/C-WX　1942年8月19日「ジュビリー」作戦
ヘストン（カートン-イン-リンゼイから分遣）　第1ポーランド戦闘航空団司令
ステファン・ヴィトージェンニッチ中佐（推定）

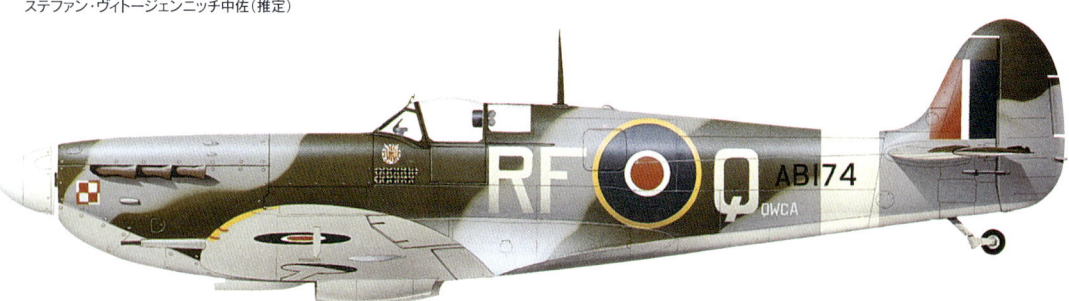

24
MkⅤC　AB174/RF-Q　1942年8月　カートン-イン-リンゼイ
第303「ポーランド」飛行隊　アントニ・グウォヴァツキ少尉

25
MkⅤB　BM144/RF-D　1942年5月　ノーソルト
第303「ポーランド」飛行隊　ヤン・ズムバッハ大尉

26
MkⅤB　W3718/SZ-S　1942年4月　ノーソルト
第316「ポーランド」飛行隊　スタニスワフ・スカルスキ大尉

27
MkⅤB　AA758/JH-V　Bazyli Kuick　1941年11月　エクゼター
第317「ポーランド」飛行隊　スタニスワフ・ブジェスキ曹長

28
MkⅤB　EN786/FN-T　1942年6月　ノースウィールド
第331「ノルウェー」飛行隊　カイ・バークステッド大尉

29
Mk VB　BM372/YO-F　1942年5月　グレーヴゼンド
第401「カナダ」飛行隊　ドナルド・モリソン少尉

30
LF Mk VB　EP120/AE-A　1843年8月　マーストン
第402「カナダ」飛行隊　ジェフリー・ノースコット少佐

31
Mk VB　AD196/DB-P　1942年4月　ディグビー
第411「カナダ」飛行隊　ヘンリー・マクラウド少尉

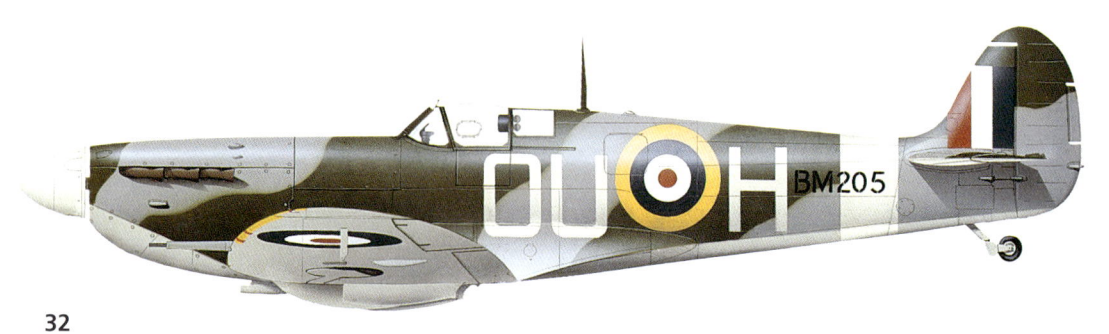

32
Mk VB　BM205/OU-H　Nova Scotia　1942年4月　ケンリー
第485「ニュージーランド」飛行隊　エヴァン・マッキー少尉

33
LF MkVB　X4272/SD-J　1944年6月　フリストン
第501飛行隊　デイヴィッド・フェアバンクス大尉

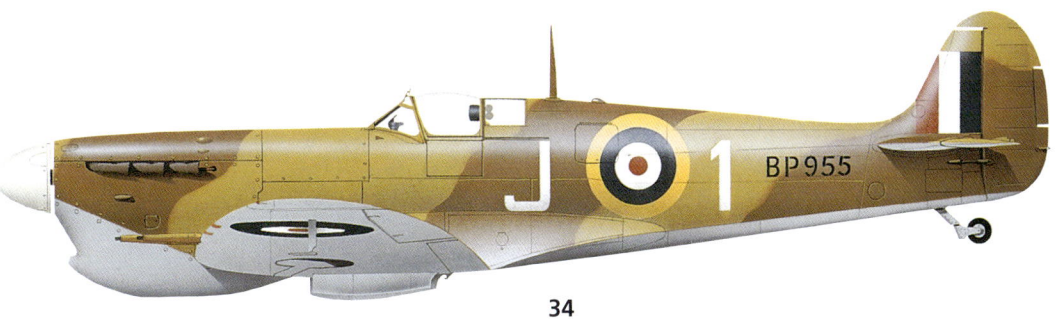

34
MkVC　BP955/J-1　1942年4月　ルカ
第601飛行隊　デニス・バーナム大尉

35
LF MkVB　EP689/UF-X　1943年7月　パキーノおよびレンティーニ西飛行場
第601飛行隊長　スタニスワフ・スカルスキ少佐

36
MkVB　W3238/PR-B The London Butcher　1941年7月　ビッギン・ヒル
第609飛行隊長　マイケル・ロビンソン少佐

37
MkⅤB BL584/DW-X 1942年7月 ルダム
第610飛行隊 デニス・クロウリー=ミリング大尉

38
MkⅤB（シリアルは塗り消され不明） YQ-A 1942年1月 キングスクリッフ
第616飛行隊長 コリン・グレイ少佐

39
MkⅤB EN853/AV-D 1942年10月 デブデン
アメリカ陸軍航空隊第4戦闘航空群第335戦闘飛行隊 ウィリアム・テイリー少佐

40
MkⅤC BR114/B 1942年9月 アブーキール
第103整備隊 ジョージ・ジェンダーズ中尉（および他のテストパイロット）

1
第609飛行隊長　M・L・"ミッキー"・ロビンソン少佐
1941年半ば　ビッギン・ヒル

2
第71「イーグル」飛行隊所属
G・A・"ガス"・デイモンド中尉
1941年9月　ノースウィールド基地

3
ビッギン・ヒル航空団司令
A・G・"船乗り"・マラン中佐
1941年半ばごろ

パイロットの軍装
figure plates

解説は99頁

43

4
第609飛行隊　"トミー"・リグラー軍曹
1941年半ば　ビッギン・ヒル

5
第92飛行隊　ヴィル・デューク大尉
1943年3月　チュニジア

6
オーストラリア空軍第1戦闘航空団司令
クライヴ・"殺し屋"・コールドウェル中佐

戦闘飛行隊はこの新型に機種を改変したが、1943年夏でも依然、戦闘機軍団の戦力組成で主力を占めていたのはMk Vだった。そのころには「サーカス」作戦は過去のものとなり、「ラムロッド」——目標物破壊を唯一の目的とする、大兵力の爆撃機もしくは戦闘爆撃機による攻撃——に替わっていた。この種の作戦では、護衛戦闘機の最大の任務は爆撃機を敵戦闘機の攻撃から守ることにあるが、1943年9月6日の「ラムロッドS36」では、参加した32個のスピットファイア飛行隊のうち、18個もがまだMk Vで飛んでいた。

Mk Vは高高度性能では敵より劣ったものの、改良により、低空では相変わらず手ごわい相手だった。低高度制空用のLFVは過給機羽根車を切り縮めた"M"シリーズのエンジンを装備し（第2章を参照）、高度6000フィート（1830m）以下での速度はFw190に肩を並べ、Bf109Gより速かった。

1944年6月に至っても、第11集団はスピットファイアLFVで全機を、あるいは一部を装備した第一線部隊をいくつか擁していた。第234、345、350、501飛行隊などがそれで、いずれもノルマンディ上陸とそれに続く数週間、フランス上空の戦闘偵察飛行に従事した。

1944年6月8日、第501飛行隊のアメリカ人パイロット、デイヴィッド・"フーブ"・フェアバンクス大尉（のちにテンペストでエースとなる）は、LFVB X4272

1943年3月に行われた「スパータン」演習で「東国軍」に属し、機首の一部を白く塗った第416、第421両「カナダ人」飛行隊のMkVB。この大規模な演習は翌年のフランスへの侵攻作戦に備えて戦術的展開と野戦の手順をテストする目的で実施された。(RCAF)

1943年夏、ディグビーでカメラにポーズをとる2人のカナダ人、ジェフ・ノースコット少佐（左）とロイド・チャドバーン中佐。バックはノースコットの乗機LFVB EP120で、彼の撃墜マークが描いてある。このころノースコットは第402飛行隊長、チャドバーンはディグビーに基地をおくカナダ人飛行隊からなる航空団の司令だった。チャドバーンは撃墜5、協同撃墜3、不確実撃墜5、不確実協同撃墜1、撃破7、協同撃破2のスコアを残し、1944年6月13日、ノルマンディ海岸上空で別のスピットファイアと空中衝突して墜死した。(via Fochuk)

に搭乗し、ル・アーヴル近くの空戦でBf109を1機撃墜、もう1機を撃破した。この機体の経歴は注目に値するもので、1940年8月という昔にMk Iとして初飛行した。部隊に引き渡される前に、20mm機関砲2門と機関銃4挺を搭載するよう改造され、Mk IBとなった。1940年の末に第92飛行隊に配属されて戦い、少なくとも1機を撃墜した。1941年の初めにロールスロイスに送られてマーリン45を装備し、3月にはMk VBの最初のバッチの1機として第92飛行隊に戻った。その後、第222飛行隊でしばらく使用されたのち、保管所に送られた。やがてX4272は選ばれてLF Mk VBに改造され、1944年7月、第501飛行隊がテンペストに機種改変するまで飛んでいた。

　1941年から1943年にかけ、占領下ヨーロッパ大陸への度重なる出撃を通じて、イギリスに基地をおくスピットファイアV部隊は、守る側のドイツ軍を相手に、ときおり鼻血を流させられた。けれども、「サーカス」、「ロデオ」、「ラムロッド」などの作戦を実行するにあたり、侵入者たちにはつねに2つの強味があった。第一に、イギリス空軍は戦略的な主導権を握っていた。すなわち、攻撃の損害が大きくなりすぎたときには、作戦のペースを落としたり、海岸に近い、もっと楽な目標に切り替えることができた。第二に、イギリス空軍戦闘機隊は敵に対してはっきりと量的優勢にあった。

　1942年、1200マイル（1930km）以上も離れた地中海では、マルタ島のスピットファイアV飛行隊が、これとは全く性質の違う戦いに直面していた。断固として彼らを撃滅しようとする、数でも勝る敵との生死を賭けた戦いのなかに投げ込まれていたのである。この方面でのスピットファイアVの物語については、つぎの章で述べる。

chapter 4

マルタ島攻防戦
air battle for malta

　1942年、マルタ島の空で、スピットファイアVとそのパイロットたちは、この上なく過酷な試練を与えられた。煮えたぎる坩堝（るつぼ）のなかで生き残った腕利きのパイロットのほとんどが、必然的に光栄ある戦闘機エースの座についたことが、それを証明している。

　地中海の真ん中に位置する、この島の戦略的重要性は大きかった。マルタを基地とする爆撃機、雷撃機、そして潜水艦は、北アフリカの枢軸軍へ補給物資や増援部隊を送る船舶を着実に餌食とし続け、1941年の終わりには、こうした略奪行為はもはや無視できない段階に至っていた。枢軸軍最高司令部は空と海からの攻撃でマルタ島を奪取する詳細な計画の立案を開始した。

　マルタ侵攻の不可欠な準備行動として、敵戦力を弱体化させる作戦のために、ドイツ空軍は400機を上回る航空機をシチリア島の飛行場に移動させ

た。これらのほぼ半数はJu87およびJu88爆撃機で、これを掩護する戦闘機としてBf109Fも100機以上が送られた。マルタへの爆撃は1942年1月に始まり、二、三週間のうちに空の戦局は防衛側にとって危機的な段階に到達した。

　このころマルタを守っていた唯一の単座戦闘機で時代遅れのハリケーンIIは、いま戦っている相手のBf109Fに歯が立たないことが実証された。防御側の損害は急増した。2月一杯、マルタ島の飛行場と軍事施設はわずか一日で750トンもの爆弾が投下されるほどの、組織的な空襲にさらされた。こうした猛烈な攻撃を妨げようにも、防御側にできることはほとんど何もなかった。

　その解決策は、スピットファイアの飛行隊をマルタ防衛のために送ることにあるのは明らかだった。だが一体、その方法は？　優勢な枢軸軍は空中および海上で島を封鎖しており、輸送船で送ることは不可能だった。どうやっても、空と海で大規模な戦いになり、大きな損害が確実な一方、成功の見込みはほとんどないからである。マルタはジブラルタルから1100マイル（1770

上下とも：　1942年3月21日、マルタ島への飛行機空輸第2回目となる「ピケットI」作戦で、イギリス空母「イーグル」から飛び立つスピットファイアVB。[胴体下面の「スリッパ」形増加タンクに注意]

「カレンダー」作戦により、グラスゴー港でアメリカ空母「ワスプ」に積まれ、エレベーターから格納庫に運ばれるスピットファイアVC。取り扱いの便のため、両翼端は外されている。VC初期型の特徴である、両翼に2門ずつ並んだ20mm機関砲のドラム型弾倉を同時にカバーする大きなフェアリングがよくわかる。(USN)

km)も離れ、当時のスピットファイアの空輸飛行距離をはるかに超えていた。この島にスピットファイアを送り届ける唯一可能な方法は、その前にハリケーンを送ったときと同様、途中まで空母で運ぶことだった。ついで飛行甲板から発艦し、島までの残りの道程を飛んでゆく。しかし、これでもまだパイロットは約660マイル(1062km)——ほぼ、ロンドンからプラハまでの距離——を飛び切らなくてはならなかった。

第2章で述べたように、スーパーマリンの技術者たちはこの長距離飛行に

1942年4月19日の夕暮れ時の、「ワスプ」の飛行甲板風景。翌朝の夜明けとともに発艦すべく整列しているのは「ワスプ」固有のF4F-3で、上空掩護を担当する。その後ろは第一波として発艦する第601飛行隊のスピットファイアVC。先頭のスピットファイアに搭乗したのは、イギリス本土航空戦のエース"ジャンボ"・グレーシー少佐で、「ワスプ」を飛び立つ最初のイギリス空軍パイロットとなった。(USN)

必要となる余分な燃料を供給するため、90ガロン(409リッター)入り落下タンクを設計した。マルタ行きのMkVには、この新型タンクの取り付け部が設けられ、そこから燃料を吸い上げるように燃料供給システムが改造された。また機体にはエンジンの運転中に気化器空気取り入れ口から埃や砂を吸い込んで、内部に過度の磨耗が生じることを防ぐため、熱帯地用フィルターも取り付けられた。

最初の引渡し
First Delivery

1942年3月7日、「スポッター」作戦が発動された。スピットファイアをマルタ島へ初めて送り届けた作戦であり、またスピットファイアがイギリス本土以外の基地に配備された初の例となった。その日の早朝、16機のMkVBをデッキに載せたイギリス空母「イーグル」は、アルジェリア沖の発艦地点に到着した。このあたりは危険な海域で、「イーグル」を守るために大型の艦隊が必要となり、戦艦と巡洋艦が各1隻、駆逐艦9隻、それに小型空母「アーガス」が護衛部隊を構成していた。やがてマルタ上空でエースとなるオーストラリア人、ジャック・"ほっそり"・ヤラ軍曹が、発艦のようすを日記に記している。

「そのときが来て——二日目の午前7時——みな緊張し、期待に満ちた顔をしていた。スピットファイアが本当にうまくデッキから飛び立てるのかどうかが、おおかたの関心事だった。……全機が整列、全員がコクピットに納まって、我々の先導役のブレニムが到着するまで、半時間は待った。ブレニムが見え、母艦は風の方向に艦首を向けた。先頭の機体のエンジンがスタートし、調子が上がってきた。突然、海軍の管制官が「車輪止め外せ」の合図をし、グラント少佐(スタンリー・グラント少佐。やはりマルタでエースとなった——編集部注)はスロットルを全開、轟音をあげてデッキを滑走して行った。デッキの先端で空中に出、デッキの高さより少し沈んだが、やがて高度を上げて飛び去り、スピットファイアが空母から飛び立てることを立証して見せた」

残ったスピットファイアもグラントのあとに続いて飛び立ったが、ジャック・ヤラの乗機だけは故障でデッキに残った。発艦した機体は全機が無事、マルタに到着、タカリ飛行場に着陸して第249飛行隊に配属された。数日後、スピットファイアの空輸を率いたグラント少佐が同飛

「カレンダー」作戦での発艦のタイミングのよさがわかる写真。まさに滑走を始めようとする第603飛行隊のスピットファイアの右翼端の上に、先に発艦し上昇してゆく機体が点になって見える。手前では、格納庫でエンジンを回して待機中の次の機体を収容するため、エレベーターがすでに下がりつつある。(USN)

5月9日の「バワリー」作戦の際、「ワスプ」を飛び立ったジェリー・スミス少尉は自機の空輸用タンクから燃料が流れて来ないのに気づいた。他のスピットファイアが発艦し終わるまで待ち、このカナダ人パイロットは乗機を再び空母に着艦させた。着艦を誘導したのは未来のアメリカ海軍のトップ・エース、デイヴィッド・マッキャンベル少佐だった。写真は「ワスプ」に帰還後、その壮挙を記念して贈られたアメリカ海軍の操縦記章を胸につけるスミス。(USN)

行隊の指揮官となった。
　スピットファイアは3月10日、初めてマルタで戦い、1機を撃墜、2機を不確実撃墜、1機を撃破した。そのお返しにはスピットファイア1機が撃墜され、1機が損傷を負った。マルタでのスピットファイアの主要な任務は、スピードに劣るハリケーンの上空掩護役で、おかげでハリケーンは以前ほどメッサーシュミットに襲われる危険を冒さずに、爆撃機と戦えることになった。

　マルタへの爆撃は休みなく続き、スピットファイアは空中および地上での損害で急速にその数が減っていった。3月21日には「イーグル」によって、さらに9機のスピットファイアがもたらされたが、2週間の間にこうむった損失を埋め合わせるには足りなかった。はじめに到着した15機のうち、飛行可能なものは2機しか残っていなかったのである。

　マルタ島上空の苛烈な空戦はその度を減ずることなく続き、3月23日の夕方には、飛べるスピットファイアとハリケーンはわずか5機しかなかった。5日後、「イーグル」がもう7機のスピットファイアを運んできたが、そのあとのマルタの未来は暗澹たるものに思われた。というのも、補充の戦闘機を運んでくる唯一の手段だった「イーグル」が操舵装置に損傷を受け、緊急修理のため4週間のドック入りが必要となったのである。イギリス海軍には他に戦闘機を運べる空母の手持ちはなかった。

　そうこうするうち、マルタへの空襲は1942年4月には最高潮に達し、約5500トンもの爆弾がこの島に投下されて、甚大な損害をもたらした。この月の前半を通じて、侵入者攻撃のために飛び立ったイギリス戦闘機が日に6機

二度目の飛行機輸送を終えて、ジブラルタルに近づいた「ワスプ」から再び発艦準備をするジェリー・スミス。スミスは結局、5月18日の「LB」作戦で「イーグル」から飛び立ち、マルタに着いた。この意思強固なパイロットはマルタで第126飛行隊に属し、8月に戦死した。スコアは撃墜3、不確実撃墜1、不確実協同撃墜1、撃破4。(USN)

MkVC BP955/J-1は1942年4月20日、「カレンダー」作戦でマルタ島に到着し、同時に着いた第601飛行隊のデニス・バーナム大尉により、ルカ飛行場で使用された。到着から24時間後、バーナムはこの機でJu88を1機、不確実ながら撃墜している。機体は1942年10月に戦闘で失われたが、バーナムは終戦まで生きて撃墜5、協同撃墜1、不確実撃墜1、撃破1のスコアをあげた。

を超えたことは稀だった。生き残っていたイギリス空軍の爆撃機、雷撃機、それに潜水艦はマルタを去って、ジブラルタルかエジプトに向かうことを余儀なくされた。戦闘機による適切な掩護を欠いたまま、その地に留まることは、ほとんど確実な破滅を意味したからである.

アメリカの援助
U.S. Assistance

一方、この打ちのめされた島を継続的に救う方策が、最高のレベルで論議された。ウィンストン・チャーチルはルーズヴェルト米大統領に親電を送り、マルタへスピットファイアを送り届けるのに、アメリカの空母「ワスプ」を使えまいか、と尋ねた。ルーズヴェルトは承諾し、4月10日、「ワスプ」はスピットファイアを積み込むため、スコットランドのグラスゴー港に入った。「ワスプ」は「イーグル」よりずっと大きく、自衛用のワイルドキャット12機に加えて、スピットファイアVCを47機も運ぶことができた。

この輸送は「カレンダー」作戦と名づけられ、4月13日、「ワスプ」はスコットランドの港を出、20日の夜明け、飛行出発地点に到着した。これらのスピットファイアVCはいずれも20mm機関砲を4門装備していたが、空輸中の重量を減らすため、弾薬は2門だけにしか積まなかった。はじめに発進する12機がデッキに並べられ、残る35機は格納庫で待機した。デッキの飛行機が飛び立つと、格納庫内の飛行機がエンジンを始動し、エレベーターで1機ずつ上に運ばれ、すぐに発進した。第601飛行隊の小隊長デニス・バーナム大尉（やはりマルタでエースとなった）はその著書『One Man's Window』（William Kimber 1956）で、その忘れがたい朝の印象を述べている。

「座席ベルトでしっかり縛り付けられて（BP969/Rに──編集者注）、周りを見回すことができない。風防の上にあるバックミラーを覗くと、私の後ろの、隊

マルタ島タカリ飛行場の急造の爆風除けのなかで、陸兵、水兵、航空兵各ひとりずつが第603飛行隊のMkVCに燃料と弾薬の補給をしている。この機体は内側の20mm機関砲を取り除き、あとに現地製の木の栓を挿してあるのに注意。翼端側の7.7mm機銃も外されているようだ。(via Robertson)

第249飛行隊の、使い古された3機のMkVがタカリ飛行場に翼を休める。一番手前のMkVC BR130は「カレンダー」作戦で到着した1機。開け広げの場所に一列に駐機してあることからして、1942年、戦いの中休み状態のときに撮影されたもの。

タカリ飛行場で無残な最期の姿をさらす第249飛行隊のMkVB。喪失に至った状況は記録されていない。

長（スピットファイアのエース、ジョン・ビスディー少佐。この翌日、Ju88を1機撃ち落としたのち、自分も撃墜され負傷——編集者注）の乗ったスピットファイアが、大きなエレベーターに向かって、後ろ向きに曳かれてゆくのが見える。しばらくすると、プロペラを透明な円盤状に回転させたまま、飛行機は床板に載せられて上がってゆき、真っ暗な天井の梁のなかに見えなくなる。エレベーターは再び下がり、わが隊のオーストラリア人のひとり、猿面のスコッティー（T・W・スコット少尉——編集者注）の乗った機体が曳かれてゆくが、そのとき彼はコクピットから私に歯を見せて笑いかける。空っぽのエレベーターはまた下がって、さらなる飛行機とパイロットを待ち受ける。マックス（ジョージ・M・ブリッグス少尉。やはりオーストラリア人で、1942年5月10日に戦死——編集者注）がゆき、エレベーターはしばらく天井で停止したあと、もう一度ぱくりと口を開き、空っぽになって降りてくる。今度は私の番だ。

「整備兵が機の両翼を押さえる。乗機は後ろ向きにエレベーターへ曳かれてゆく。床が上がってゆく途中、格納庫に最後の一瞥——プロペラが回り、人々が走り回っている。赤い袋が床の上に投げ出されている。何てことだ！　誰かがプロペラに跳ねられたに違いない。

「私は白日のもと、デッキにいる。雲、海、前方には飛行甲板、そこを半分行った右側が艦橋だ。近すぎるぐらいのところに、白のセーター姿のアメリカ人整備兵——ゴーグルをつけ、赤いキャップをかぶっている。彼から目を離してはならない。彼は両脚を開き、ラグビー選手のように前傾姿勢をとり、空中にこぶしを握りしめている。私はブレーキをさらに強く踏む。彼の両手が速く回っている。スロットルを開く。エンジンは轟音をあげ、ブレーキが滑る。チェッカー模様の旗が下がった。ブレーキを放し、スロットル全開、スピードがつき、尾部が上がり、機首前方が見える——デッキはひどく短い。さらにスピードが増す。艦橋から張り出したブリッジが私に向かって突進してくる。その上にはピンク色の顔、というより、目鼻立ちの見分けがつかない、ピンク色の塊——すばやく、アメリカ人たちに別れの手を振り、もう一度、操縦桿を握る——デッキの末端だ。灰色の波。機をまっすぐに——操縦桿を引く。海上に出た。波が近づく。さらに操縦桿を引く——とうとう飛びはじめた。スピードが増し、上昇している。

パーシー・"ラディ"（小僧）・ルーカス少佐は1942年3月に第249飛行隊に加わり、3カ月後には同隊指揮官に任命された。彼のスコアはこの飛行隊で積み上げたもので、撃墜1、協同撃墜2、不確実撃墜1、撃破8、協同撃破1。(via Franks)

第四章●マルタ島攻防戦

ロッド・スミス少尉は、スピットファイアで「ワスプ」に着艦したジェリー・スミスの弟で、1942年7月15日、「ピンポイント」作戦でマルタに着き、兄のいる第126飛行隊に加わった。終戦時の彼のスコアは撃墜13、協同撃墜1、不確実協同撃墜1、撃破1。(via Franks)

マルタ島クレンディで1942年6月、第185飛行隊の小隊長を務めていたときのジョン・ブレージス大尉。終戦時には撃墜15、協同撃墜2、不確実撃墜2、不確実協同撃墜2、撃破6、協同撃破1。(via Sarkar)

　私の右下方には戦艦。どんな敵軍パイロットでも、これほど近くで戦艦を見て、生きて帰れるとは思えない。長距離タンクに切り替える。左に旋回して離れ、着々と上昇する。エンジンが息をつかないのは素晴らしい。味方艦船が玩具のように見える。指揮官機の左に位置をとると、その私の背後には、私が先導する3機のスピットファイアが編隊を組もうと上昇してくる。
　「東へ針路を定めたとき、海から陽がのぼり、あたり一面が光で満たされる」
　その朝「ワスプ」から飛び立った47機のスピットファイアは、1機だけを除き、すべてマルタに着いた。にわかに到着した3個飛行隊分のスピットファイアは、マルタの空の護りに新たな生命を吹き込んだが、それも結局は一時の安らぎに過ぎなかった。新着機の基地となったルカ、タカリ両飛行場は、とりわけ猛烈な攻撃にさらされた。新しい戦闘機が何機も、地上で破壊され、また損傷を負った。バーナムとともに到着したパイロットのひとり、マイク・"パンチョ"・リバ少尉が、何が起きたかを物語る。
　「ドイツ軍は我々の到着をレーダーで見ていて、その日の午後、マルタ島の飛行場は大混乱となった。戦闘機も対空砲も必死に戦ったが、Ju87およびJu88は急降下爆撃で、またメッサーシュミットは銃撃で、新しく着いた機体を何機も地上で破壊し、また損傷を与えることに成功した。ガソリン缶に砂を入れたものや石塊を積み上げて爆風除けの囲いがつくられ、直撃弾以外の爆風とか機関砲弾に対しては有効な防御壁となったが、これらには屋根がなかったため、爆風で吹き上げられた石ころが天から落ちてくるのに当たって、何機かが損傷を受けた」
　4月21日の朝には、「ワスプ」から来たスピットファイアは27機だけが飛行可能にすぎず、その日の夕方には17機に減っていた。損傷を受けたり廃機となった10機のうちの1機、BP955／Jは、第601飛行隊がJu88編隊を攻撃した際、バーナム大尉が乗っていて、護衛のBf109にエンジンを撃たれて不時着したものだった。一方、島の修理工場の技術者たちは100機を超える破損機から部品をかき集めて、飛べるスピットファイアやハリケーンに組み立てようと奮闘していた。彼らの努力のおかげで、バーナムの飛行機もやがて再び飛べるようになったが、1942年10月17日、ルカ付近の戦闘で失われ、搭乗していた第229飛行隊のロン・ミラー軍曹は行方不明となった。
　それまでにマルタに供給されたスピットファイアはサンドとミドルストーンの迷彩塗装が施され、そのおかげで地上では、また陸上を飛行しているときは見えにくかった。だが空中では海上を飛ぶ時間が多く、そのときこうした色彩はよく目立った。この問題を解決するため、地上整備兵たちは島で手に入るかぎりの塗料は何でも使って、飛行機が目立ちにくいように暗い色調に塗り直し、結果としてさまざまな規定外の塗装例が生まれた。のちに増強されたスピットファイアはスレートグレーとダークグリーン迷彩で到着した。
　「カレンダー」作戦のあとに訪れた幸福感にもかかわらず、4月が終わりに近づくにつれ、マルタが生き残るかどうかは、依然疑わしいことが明らかとなった。スピットファイアをさらにこの島に送り届けるため、チャーチル英首相はもう一度、米大統領に「ワスプ」の助けを依頼し、再び承諾を得た。つぎの補給作戦「バワリー」は最も大規模なものとなり、「ワスプ」は4月29日にグラスゴーに戻って47機のスピットファイアを積み込む一方、操舵装置の修理を終えてジブラルタルにいた「イーグル」も、さらに17機を積む準備を整えた。
　「ワスプ」とその護衛の艦隊がジブラルタル海峡を通過したとき、「イーグル」

マルタ島は包囲下にあり、わずかな数の新品スピットファイアを送り届けるのにも、イギリス海軍は多くの艦艇を動員しなくてはならなかった。そこで、手持ちの戦闘機をできるかぎり多数、戦闘可能状態に保つための能率的な修理・整備組織が何より重要となった。写真は、その作業のために接収されたヴァレッタのガザン自動車修理工場で整備と修理を受けるMkV。(via Robertson)

イギリス本土航空戦でのエース、モーリス・スティーヴンス少佐は1942年10月と11月、タカリの第229飛行隊で指揮官を務めた。終戦時のスコアは撃墜が少なくとも15、協同撃墜3、不確実撃墜1、撃破5。(via Franks)

もこれに合流し、2隻の空母はともに地中海を東に向かった。5月9日の夜明けからまもなく、両空母はスピットファイアを発進させ始めた——合わせて64機。23番目に発進したR・D・シェリントン軍曹(カナダ人)の搭乗機は、なぜかプロペラが高ピッチにセットしてあったため、デッキの末端まで滑走しても離陸速度に達しなかった。機体は海中に落ち、空母の艦首に当たって真っ二つに切断され、パイロットは即死した。

もうひとりのパイロット、カナダ人のジェリー・スミス少尉はBR126/3-Xで発艦したものの、落下タンクから燃料を吸い上げられないことに気づき、残りのスピットファイアが飛び立つまで、空母の周りを旋回して待った。ついで、機体を捨てて脱出するよりは、着艦フックのない飛行機ではあっても、デッキへの着陸を試してみることにした。一度やり直したあと、彼はまずまずの着艦に成功し、少々乱暴にブレーキを使って、デッキの端までわずか6フィート(1.8m)のところで停止した。彼の着艦を誘導したのはデイヴィッド・マッキャンベル少佐で、のちに第二次大戦におけるアメリカ海軍のトップ・エースとなった(詳しくは本シリーズ第19巻「第二次大戦のヘルキャットエース」を参照)。スミスとそのスピットファイアは「ワスプ」に留まり、地中海を出たところで再び発艦し、ジブラルタルに着陸した。

「ワスプ」と「イーグル」から発進した他の62機のスピットファイアのうち、60機がマルタに着いた——2機は途中、イタリア軍のフィアットRS14水上機を見つけて攻撃した際、空中衝突して失われた。イタリア機は無傷で逃げてしまった。ルカ飛行場で戦闘機の到着を待ちうけていたパイロットのひとりに、マイク・リバがいた。

「私が到着したとき(「カレンダー」作戦で)に起きた問題のひとつは、この作戦があんまり秘密にされすぎて、我々がゆくことを知っている人間が少なすぎたことだった——到着したスピットファイアへの燃料と弾薬の補給に手間取っ

たため、敵の攻撃に間に合うように離陸できず、何機もが地上で破壊されてしまったのだ。今回は、我々はずっとよく組織されていた。スピットファイアが到着すると、滑走路の末端でマルタ居付きのパイロットが翼の上に飛び乗り、それぞれの爆風除け囲いへと誘導した。囲いの中にはイギリス空軍の整備兵ひとりと、給油を手伝う兵士が何人か待ち受けていた。私は1機のスピットファイアを囲いまで誘導したが、パイロットがまだエンジンを止めないうちに、機関砲に弾丸を装填するため、体いっぱいに弾帯をかけた人々が翼の上によじ登ってきて、兵隊たちは燃料缶をリレーで運ぼうと人間の鎖をつくりはじめた。パイロットは飛行帽を脱ぐと、大声で私に叫んだ。『こいつぁ凄えや、戦争ですかい？』。私は答えた。『お前さんの戦争はまだ先のことだよ。早く降りな！』」

着陸して15分で、落下タンクを取り外し、機内タンクに燃料を補給、残った2門の機関砲に弾薬を積み込んで、スピットファイアは戦闘準備を完了した。リバはコクピットに乗り込み、しばらくして空襲迎撃のために緊急離陸していった。

■ 堅い護り
Secure Defence

それに続く日々のあいだに、何度か激しい空戦はあったものの、新しく到着した一群の戦闘機は、マルタがついに自らを護るに十分な近代的戦闘機を手に入れたことを意味した。5月初めの貧弱な戦力に代わって、いまマルタには定数を満たしたスピットファイア5個飛行隊（第126、185、249、601、603飛行隊）がいた。

1942年9月9日、シチリア島スコリッティの海岸に不時着した第185飛行隊のBR112/Xに眺め入るイタリア空軍士官。操縦していたクロード・ウィーヴァー軍曹（アメリカ人で、1941年初めにカナダ空軍に入隊）は捕虜となった。機体は1942年4月、「カレンダー」作戦で届けられたうちの1機で、マルタにきてから本来の砂漠迷彩の上に急いで塗られた青い塗料が、剥げ落ちかけているのがよくわかる。イタリアの休戦後、ウィーヴァーは収容所を脱走し、1943年末に前線復帰を果たしたが、間もなく戦死した。戦死時のスコアは撃墜12、協同撃墜1、不確実撃墜3。

MkVC BR498/PP-Hは1942年7月に空母「イーグル」からマルタに増援機として到着したもので、ルカ航空団司令ピーター・プロッサー・ハンクス中佐の乗機となった。ハンクスはこの機で1942年10月11日、Bf109の撃墜1、撃破1を認められた。本機はその後も就役を続け、1945年9月に除籍された。ハンクスの終戦時のスコアは撃墜11、協同撃墜4、不確実撃墜1、不確実協同撃墜3、撃破6。(via Thomas)

　そのすぐあと、マルタの空の護りで運勢が逆転したことは、一時的な現象などではないと保証する出来事がふたつ起きた。第一に、ドイツ軍はマルタに侵攻する計画の放棄を決め、シチリア島のドイツ空軍兵力ははっきりと減少した。飛行隊のいくつかは東部戦線に、また他のものはリビアに送られた。どちらの戦域でも、ドイツ軍は強力な新しい攻勢に備えて戦力を集積しつつあったのである。第二に、マルタへのスピットファイアの供給は休みなく続けられ、5月18日から6月9日のあいだに「イーグル」は三度の航海をして、さらに76機のスピットファイアを送ってきた。こののち、マルタはドイツやイタリア空軍がどのような攻撃をかけて来ても、これを手厳しく扱ってやるに十分なスピットファイアを保持していた。島の住民たちが、1942年5月第1週のように空襲の大きな危険に直面することは二度と起こらなかった。

　マルタ上空の制空権を奪取したことは、地中海方面の戦略にとって重要な意味があった。4月に、マルタにいた船舶輸送攻撃部隊と潜水艦が引き上げたあと、枢軸軍の護送船団はイタリアと北アフリカのあいだを、ほとんど妨げられることなく往復していた。その結果、リビアのドイツ軍は新たな攻勢準備

ジブラルタルのノース・フロントからマルタ島への直行飛行に離陸しようとするMkVB。その距離は1100マイル(1770km)、ロンドン～サンクトペテルブルグ間に等しかった。火器は機銃2挺だけ残して取り外し、機腹部に170ガロン(773リッター)空輸タンク、後部胴体内に29ガロン(132リッター)タンクを増設、さらに機首下面をふくらませ、滑油タンクを大型化してあった。1942年9月から10月にかけ、17機のスピットファイアがジブラルタルからマルタへ飛び立ち、1機を除いてみな到着した。(RAF Museum)

第四章 ● マルタ島攻防戦

1943年4月28日、マルタ島クレンディの第249飛行隊長ジョセフ・リンチ少佐はJu52 1機を撃墜、これはマルタ島防衛戦における1000機目の敵機撃墜となった。大戦終結時、リンチは撃墜10、協同撃墜7、不確実撃墜1、撃破1、協同撃破1のスコアをあげていた。(via Robertson)

のための物資を急速に蓄積できたのだが、いまや状況は変わった。再び上空から十分な掩護を受けられるようになった船舶攻撃部隊はマルタに戻ることができ、6月の初めからは枢軸側の補給船団を苦しめる攻撃を再開した。

6月、マルタへの空襲は減少したが、北アフリカのドイツ軍新攻勢は当初、急速な進展ぶりを見せた。マルタ島の航空部隊指揮官は、貴重なスピットファイア飛行隊ではあるが、自分たち以上にそれを必要としているエジプトに、1個飛行隊ぐらい回してやっても大丈夫と考え、6月23日、第601飛行隊のスピットファイアは再び空輸用タンクを装備し、メルサ・マトルーへ進出した。飛行距離は800マイル(1287km)をやや上回り——スピットファイアでは、それまでの最長記録——、4時間半かかって飛んだ。

しかし、これとてもスピットファイアの空輸距離の限界ではなかった。1942年夏、スーパーマリン社技術陣はスピットファイア用に170ガロン(773リッター)入り空輸タンクを開発することに成功し、これと後部胴体内の29ガロン(132リッター)入り補助タンクを合わせると、スピットファイアの搭載燃料総量は284ガロン(1291リッター)に達した。ジブラルタルからマルタまで1100マイル(1770km)をノンストップで飛べ、なお余裕のある量だった。いまや、スピットファイアは空母やその護衛艦隊など大掛かりな海上作戦抜きで、必要に応じてマルタに送られることになった。

スピットファイア初の、ジブラルタルからマルタへの直行飛行「トレイン」作戦は10月25日に実現し、それから1942年11月の終わりまでに、さらに15機がこの飛行に挑み、1機を除いて、すべて成功した。5時間半の飛行は、本来は短距離迎撃用として設計された飛行機としては注目に値する壮挙だった。

1943年、マルタ島沖をパトロールする第249飛行隊のスピットファイアV。左の2機は切断翼、あとの2機は標準翼を備えている。(Kennedy)

第249飛行隊のMkV BR586/T-M、1943年7月の撮影。この機体は大戦を生き抜き、1946年にギリシア王国空軍に引き渡されたうちの1機となった。(via Thomas)

その飛行距離はほぼ、ロンドンからロシアのサンクト・ペテルブルグまでに匹敵していた。

　さらに多数のスピットファイアがマルタで必要とされたなら、それらも直行で飛んでゆけたであろう。だが、エル・アラメインでの勝利に続いて、連合軍が急速にリビアに進攻したことにより、マルタへの包囲は終わった。この戦いで、また地中海の他の戦域でスピットファイアⅤの果たした役割については第6章で述べるが、その前に、マルタの空の戦いはどのようなものだったか、またスピットファイア部隊が採用した戦術についても、詳しく見ておきたい。

■1942年中の空母によるマルタ島へのスピットファイア輸送作戦

月日	作戦名	空母	発進機数	到着機数
3月7日	スポッター	イーグル	15	15
3月21日	ピケットⅠ	イーグル	9	9
3月29日	ピケットⅡ	イーグル	7	7
4月20日	カレンダー	ワスプ	47	46
5月9日	バワリー	ワスプ	64	60
		イーグル		
5月18日	LB	イーグル	17	17
6月3日	スタイル	イーグル	31	27
6月9日	セイリアント	イーグル	32	32
7月15日	ピンポイント	イーグル	32	31
7月21日	インセクト	イーグル	30	28
8月11日	ベローズ	フューリアス	38	37
8月17日	バリトーン	フューリアス	32	29
10月24日	トレイン	フューリアス	31	29

chapter 5

あるマルタ島エースの戦術
tactics of a malta ace

　リード・F・ティリー少尉はアメリカ人で、彼の母国が参戦するより早く、王立カナダ空軍に加わっていた。訓練を終えると、しばらく第121「イーグル」飛行隊でスピットファイアVBに乗り、1942年3月24日にはフランスへの強襲に出撃して、Fw190を1機、不確実ながら撃墜したと報告した。これが英仏海峡方面での彼の唯一の戦果となった。翌月にはマルタ島へ出発直前の第601飛行隊に配属され、4月20日、「カレンダー」作戦でマルタに送られるスピットファイアの1機に搭乗して、「ワスプ」を飛び立った。

　マルタ島に到着したティリーは直ちに第126飛行隊に転属し、その後の4カ月、島をめぐる戦いを通じて最も激しい空戦のいくつかを、この古強者部隊で体験した。その期間に、彼は撃墜7機、不確実撃墜2機、撃破6機のスコアをあげ、DFC[空軍殊勲十字章]を授与された。8月にはティリーはマルタを去り、アメリカ陸軍航空隊の第VIII戦闘航空軍団に移籍した。

　参謀経験を経たのち、ティリーは本国に帰還し、教育組織に加わって、自分の戦闘体験を、新たに編成される戦闘機部隊の指揮官となるはずの将校たちに伝えることになった。この仕事をしやすくするため、彼はマルタで学んだ実用的な戦訓を述べた長い論文を書いた。以下はその論文から抜粋したものである。

　「接近してくる敵を迎え撃とうとして戦闘機が緊急発進するときは、離陸して編隊を組むのに、1分よけいにかかるごとに3000フィート（914m）の高度を、それも最も必要なときに損していることになる。従って、コクピット内で入念なチェックなどしていては駄目で、ただプロペラが低ピッチになっているか、またスロットルを開く前に、エンジンが適切に回っているか、だけを確かめれば十分だ。仲間に追いつく前に、訓練学校で教わった飛行場周回飛行などしてはならない。滑走中は自分の前に離陸した機体をすばやく目で捜し、計器速度が十分についたら、前の機体が射撃照準器のリング6個分ほど片寄って見えるように飛べば、たちまちに横に並ぶことができる。スロットルを乱暴に開いて、先行機のあとに従おうとするのはよくない。そういうやり方だと編隊を組むのに3倍も時間がかかる。もし君が先導機だったら、飛行場の周りを、十分に減速して翼を激しく振りながら旋回すること。

　「編隊を組めたらすぐ、コクピットを"戦闘態勢"にする。上昇姿勢にトリムし、酸素を確認、エンジン計器をチェック、射撃ボタンを『発射』位置に。これで戦闘準備完了だ。もしも何か不具合な箇所があったら、いますぐ引き返すこと。翼を振って、ゆっくりと編隊を離れる。もし後続中なら、急激に離脱、降下して帰還する。決断をぎりぎりまで延ばして、敵機の現れるあたりまで行ってから、この離脱操作をすることは絶対にいけない。その理由はいくつかある。

1)　編隊長は君の掩護を期待していよう。

空軍殊勲十字章を受けたアメリカ人、リード・ティリー少尉は1940年にカナダ空軍に入隊、第121「イーグル」飛行隊で数カ月勤務し、その間、1機のFw190を不確実ながら撃墜した。1942年4月に第601飛行隊に転属し、「カレンダー」作戦でマルタに到着。数日後には第126飛行隊に移り、着実にスコアを伸ばしていった。6月初めにはジブラルタルへ飛び、空母「イーグル」に乗艦、「セイリアント」作戦でマルタに送られる新しいスピットファイアの先導を務めた。1942年8月、マルタを去ってアメリカ陸軍航空隊に移籍した。当時のスコアは撃墜7、不確実撃墜3、撃破6だった。(Tilley)

4機分隊が互いに見張りをする仕組み　縮尺はこのまま
（陰の部分は各機の死角）。

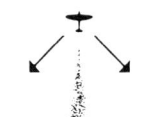

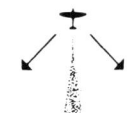

2）　編隊の他の機は、君が敵に向かって急降下したのだと思い込み、君のあとに続いていってしまう可能性がある（これはかつて実際に起きたことで、結果は大混乱となった）。
3）　敵が君を発見し、君が単機でいることに付け込む可能性がある」

この時期、イギリス空軍では1分隊が"4機横陣"となる戦闘隊形を採用していた。これはドイツ空軍が使っていた「シュヴァルム」[4機編隊]と同様のもので、各機はほぼ80ヤード（73m）の間隔をあけて飛んだ。1個飛行隊はこうした分隊3個からなり、通常、赤分隊が先導し、そこから500〜700ヤード（457〜640m）離れた左後方やや高いところに白分隊、同じく右後方に青分隊が位置していた。ティリーの論文は続く。

「戦闘で敵に最大の損害を与えるには、飛行隊は機数が欠けていてはならぬことを、指揮官は肝に銘じておくべきだ。そうするためには、敵に向かって上昇中に減速することも、落伍した分隊のほうに向かって旋回さえもしていい。完全な飛行隊が正しい隊形をとったまま25000フィート（7620m）に上昇し、それから狩りを始めるときほど気分のいいものはない。

「"4機横陣"分隊では、各機が他の機の後方、上方、下方を見張る。こうして4機がお互いを掩護しあう。

「図の矢印は、パイロットが見張る方向を示す。各人がこれを実行すれば、敵機は4人のパイロットのうち少なくとも3人に見つかることなしに、射撃位置につくことはできない。より高所から見れば、各分隊はお互い同士を保護している。攻撃を受けた分隊は、となりの分隊に守られる。敵の受ける報いは、敵が往々にして1個か2個分隊だけしか見ず、これを攻撃したり、もしくは空中運動しようとしたりする際、第三の分隊に、がら空きの背中をさらしてしまうということだ。

「この編隊形の利点はもうひとつある。すなわち、ある機が攻撃を受けたとき、その隣の機は減速して、襲ってきた敵機を横から撃つのにぴったりの位置にいる。さらに各分隊同士は、他の分隊の後方の射程内にどんな飛行機が入ってきても、これを有効射程内に収められる正確な距離だけ離れている」

戦闘機同士が調整された効果的な戦闘を行うためには、無線電話をうまく使うことが不可欠だった（現代でも全く変わら

タカリ飛行場で出撃の合間、第126飛行隊のスピットファイアVB機上から、地上勤務員たちの仕事を見守るリード・ティリー。

4機ずつの横陣

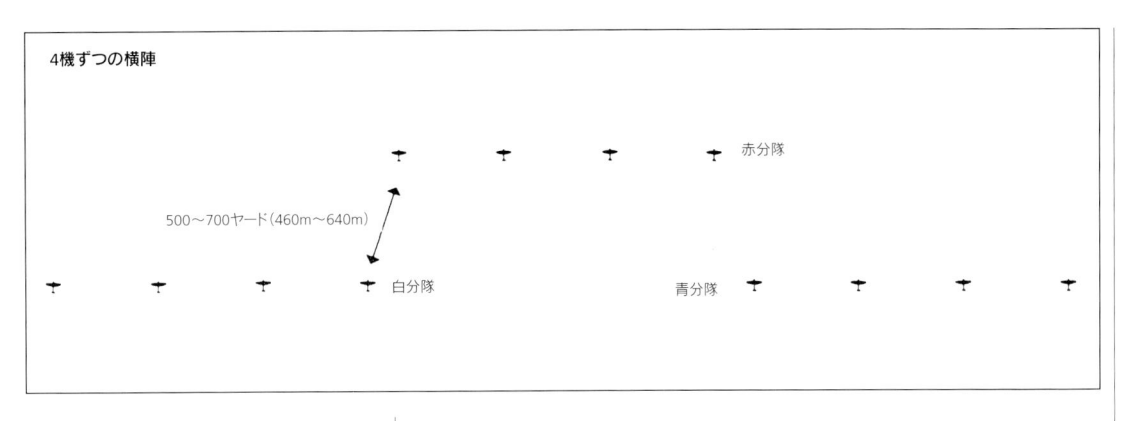

500～700ヤード(460m～640m)
赤分隊
白分隊
青分隊

ない)。ティリーはその論文で、戦闘中の無線の適切な使い方について多くのページを割き、今日でも通用する、間違いやすい点をいくつかあげている。

「無線電話での伝言の前やうしろによく入れる気まぐれな冗談は、すべて忘れること。戦闘ではそんなひまはないし、伝言は重要なものだ。飛行隊がドイツ機を追撃中は、指揮官だけが無線通信を使う。君は何もいう必要はない。ただ黙って、地上の管制官から指揮官への伝言に耳をすますことだ。予想される敵の機数は？ どれぐらいの高度で、どの方向から接近中か？ など、君が知るべきことが全部わかるだろう。指揮官は地上管制官の伝言に、はっきり『OK』とだけ答えれば十分だが、いくつかの飛行隊、もしくは分隊が独立して戦っているときは、『赤リーダーOK』とか『こちら青リーダー、OK』といえばよい。後者の返事をいうのに2秒半かかるが、敵の姿が見えるまでは、これより長い交信をしてはならない。別にどうということもない内容の伝言4～5秒のあいだに、突然、僚機がフォッケウルフに撃たれていると知ったらどうだろう。そういうときは、伝言が終わるまでは誰も彼に警告できないし、彼も恐らく撃たれるまで気づくまい。4秒か5秒あれば、飛行機には驚くほどたくさんの弾丸の孔があくものだ──。

「だから、目を見開き、口を閉じて、敵が現れるまで待て。それからが君の出番だ。もし敵がはるか前方だったり、一方に寄っていたり、ずっと離れた下方にいたりしたときは、たっぷり時間がある。興奮せずに、その場所でよく見るのだ──スピットファイアを [メッサーシュミット] 109だと報告しても、大して助けにはならない。機数を数えるか、すばやく概数を見積もること。もし識別できるなら、型式を報告すること。わからなければ、単に"飛行機"というのだ。そのやり方は、意識して平静な声で、ゆっくりと、興奮せずに、"ハロー、赤リーダー、上空4時の方向に109"とか、"赤3番から赤リーダーへ、味方と同じ高度、9時の方向に飛行機"といったふうにする。

「赤リーダーはその飛行機を見たら"OK"と答える。こうなったら、何としても無線電話を空けておかなくてはいけない。そのあとには、リーダーの指示が聞こえてくるだろうからだ。無線が混信しては、すべての仕掛けが台無しになってしまう可能性がある。

「ときには、敵機は実際に攻撃して来るまで見えないことがある。それゆえ、伝言は即座に、正確に言わなくてはならない。もし君が興奮したせいで、伝言のつじつまが合わなかったり、間違っていたら、攻撃されている人間は伝言のかわりに、またそれより早く、機関砲弾をぶち込まれることになる。正しい言い方は"109が赤分隊を攻撃"とか、撃たれているのが1機なら"赤4番、

1942年5月、ルカへ移動後の第126飛行隊のMkV。いちばん手前のER471は1943年初めにマルタに到着、終戦まで生き残った。

危ない"、もしくは"赤4番、退避"で、どちらでもいいが、はっきり発音することが肝心だ。くれぐれも、攻撃される人間を正確に名指しすること。間違って赤4番に退避を呼びかけて（彼はその通りにする）、実際に撃たれている赤2番が、それをぼんやり見物していたら、何の役にも立ちはしない。

「確実に友人を失い、敵を助ける方法がひとつある。決定的な瞬間に、パニックに陥って無線電話にわめいてしまうことだ。"危ない！ 109が後ろにいる！"などと金切り声で叫んだりしたら、まずは半径50マイル（80km）以内にいるすべてのスピットファイアに、狂ったような一連の空中操作をさせるに十分だ。コールサインが呼ばれなければ、すべての飛行隊のすべてのパイロットは自動的に反応する。いくつもの編隊をバラバラにして、ドイツ機に自由に標的を選ばせるよりは、全く何もいわずにいて、ひとりのパイロットを撃墜させるほうが、ずっとましだ。戦闘機で飛ぶ際、パニックに陥った伝言ほど罪の深いものはない……。

「もし君の無線電話が基地の近くで故障したら。引き返せ。もし敵の近くだったら、部隊に留まれ。無線を持たない戦闘機パイロットは、彼自身にとっても部隊にとっても重荷になるのだ。間違っても、無線電話の調子が悪い機で離陸してはいけない」

続けて、ティリーは実戦という厳しい学校で学んだ、生き残るためのいくつかの教訓の要点を述べている。

「敵機は単機では飛ばない。2機もしくは4機で飛ぶ。もし君に1機だけしか見えなかったら、攻撃に移る前に、くれぐれも目を皿にして、敵の連れがいないか探せ——そして忘れずに、後ろを振り返れ！」。

「攻撃する際は、2〜3秒の連続射撃を数回、そのつど狙いなおし、見越し角を変えて行うのが最も効果的だ。敵機が煙を噴き始めたというだけでは、または破片がいくつか飛んだというだけでは攻撃を中止してはならない。そのときは乗機を横滑りさせて後方をよく確認し、それから直射距離まで近づいて、とどめを刺せ。

「敵機を実際に射撃しているときには、君も最も攻撃されやすい。攻撃を終えて離脱する際は、つねに、あたかも後ろから撃たれたときのような急激な横滑りで離脱するのだ……本当に撃たれているかも知れないのだから！」。

「戦闘機の編隊からの落伍者は、最後に戻る人間になると考えるのは無理ないかも知れない……だがそんなことは滅多にない！ 頑張って追いつけ、はぐれるな、そして、つねに、後ろに気を配れ！」

ティリーは、マルタ上空で遭遇したドイツ爆撃機のなかではJu88を最も恐るべき相手と考え、多大な敬意を抱いていた。彼は1942年7月9日に、これを1機撃ち落すことに成功している。この爆撃機は飛行場その他の目標にきわめて正確な急降下爆撃を加えることができ、非常に恐れられていた。

「88が戦闘機の妨害を受けずに行動できるときは、彼らは6000ポンド（2724kg、短距離での搭載量）の爆弾を、100ヤード（91m）四方のなかに、かなら

ず命中させられる。88は通常、高度17000フィート（5200m）で目標地域に接近してくる。3機がV字形に並んで1分隊となり、ほかの分隊が後ろに一線となって続く。一般的なやり方は、空襲の数分前にドイツ戦闘機が、間隔を広く空けた2機のペア、または4機で目標の上空に飛来する。彼らの任務は、そのあたりに戦闘機の編隊がいれば追い散らすことにある。爆撃部隊は直接掩護戦闘機と、30000フィート（9150m）以下の適当な高度に上空掩護戦闘機を従えて進入して来る。急降下は対空砲火の目をくらますため、通常は太陽の方向から行うが、対空砲火が激しくなければ風に向かって降下するほうを好む。降下角度はほぼ60°、だいたい6000フィート（1800m）で爆弾を投下、急旋回して縦列に並んだまま離脱してゆく」

　ティリーは、この種の攻撃に最もうまく対処する方法は、急降下を始める前の爆撃機に食らいつくことだと考えている。

「そのやり方だが、味方の戦力を分割するのだ。パトロール隊の半分は目標の太陽側、高度約15000フィート（4500m）に占位、残りは爆撃機を迎撃し、編隊を崩すため、20000フィート（6100m）かそれ以上の高度に上昇する。ときとして敵は迎撃されると爆弾を捨てて散り散りになり、全機が逃げ帰ってゆく。だが腹の据わった敵なら、多分かまわず前進してくるだろう。可能ならば、88には必ず正面から反航攻撃すること。88が大編隊を組んでいても、戦闘機数機で正面から突き抜ければ絶対にバラバラにできる。敵の前方射手からの射撃は効果が乏しいし、直掩戦闘機も手が出せない。この攻撃をうまくやるには、速度を十分落として、敵のリーダー機を狙うのだ。600ヤード（550m）で射撃を開始し、すれ違うまで撃ち続ける」

　Ju88が攻撃のため急降下を始めたあとは、防御側の戦闘機は降下の途中で何とか食いつこうと努力しなくてはならなかった。

「88は大体500ヤード（460m）の間隔をおいて、縦列で降下してくる。これへの攻撃手順は次のとおり——敵の降下ラインに合わせてまっすぐ降下し、1機の88の後ろに1機の戦闘機がつく。敵の後方射手は窮屈な角度から撃っているし［自機の垂直尾翼が邪魔になるから］、（敵の）パイロットはまっすぐ降下しなくてはならないのだから、直射距離まで接近して、片方のエンジンを集中射撃してやれ。もし君の後ろから曳光弾が飛んできたら、それはおそらく後ろの88の前方射手が、109がいると君に思わせようとして撃っているのだ。88に火を噴かせたら、横滑りして離脱する——敵戦闘機がいないか、後方をよく見ること——それから速度を落とし、次の爆撃機を横から攻撃するのだ」

　戦闘を終えても、戦闘機パイロットの仕事は終わらない。もし自機が損傷を受けていたなら、できるだけ急いでその程度を調べ、それによる影響を最小限に抑える処置をとる。

「戦闘のあと、最初にすべきことは自分と握手するのではなく、エンジン計器を見ることだ。油圧の低下、発動機温や油温の上昇はトラブルを意味している。ラジエータか、グリコール（冷却液）の配管を撃たれたときは、すぐに白い煙が出はじめ、たいがいコクピットからも見える。運悪く、コクピットの横を通っている冷却液のメインパイプに孔をあけられたりしたら、コクピットに熱いグリコール液が充満し、その白く濃い蒸気で息がつまり、目が見えなくなるだろう。そこまで撃たれた飛行機はもう助かる見込みはない。だがもし、グリコールの煙が機内に入ってこないときは、風防を開け、酸素コックを緊急用まで開いて、最寄りの飛行場に降りること。自軍領域や海岸までまだ遠いとき

は、エンジンの回転を十分落とし、プロペラを高ピッチにして[プロペラへの風圧抵抗を減らすため]、エンジンが停止した際の機外脱出、もしくは不時着の準備をしておく。

「滑油の配管や発動機ブロックへの被弾はそれほど目立たないが、油圧計やエンジン関係の計器にはすぐに現れる。プロペラを高ピッチにして回転を十分落とせば、エンジンが停止するまでに、かなりの長距離を飛べることがある。もし機体から濃い煙を曳き始めたら、いつ発火してもおかしくない。少しでも火が見えたら、ただちに飛び下りること。そのあと何の予兆もなしに爆発することがあるからだ。

「スピットファイアから脱出するには、這い出そうとだけはしないことだ。時間の余裕があるなら、機を横転させて背面姿勢にし、少しテールヘビーにトリムを取ってから、座席ベルトの固定ピンを抜くのが一番いい。時間がなければ（そういう場合がよくあるが）、ただピンを抜いて操縦桿をぐいと前に押せ。最後に、指から操縦桿が離れてゆくのがわかるだろう。このやり方は、飛行機がどんな姿勢のときでもうまく行く。もし風防が引っかかって開かなかったら（滑動レールに弾丸が当たって壊れていることがある）、座席をいちばん下まで下げ、ベルトの固定ピンを抜き、首筋と背筋に力をこめ、ついで操縦桿を力のかぎり前に突っ込め。風防のことなぞ気にしなくていい……。

「後ろに注意、それでもうすべて必要ない」

chapter 6
北アフリカ
north africa

BR114は、高空で飛来するユンカースJu86P偵察機と戦うため、アブーキールの第103整備隊で高高度戦闘機に改造されたMkVの1機。外観の上で通常型と異なる点は、4枚羽根プロペラ、アンテナ柱の欠除、強化ガラス製の風防、外板継ぎ目の磨き上げ、それに翼面積拡大のために延長され、とがった翼端など。(via Thomas)

西部砂漠戦線で最初に作戦行動可能となったスピットファイア部隊、第145飛行隊のMkVB。
(via Franks)

　スピットファイアがまずマルタに供給されたあと、次にこの戦闘機を受け取ることになった戦場は北アフリカだった。1942年4月中に、第92および第145飛行隊の人員がエジプトに到着した。だが、マルタは依然、熱帯用改造型スピットファイアをどこよりも切望しており、その需要も予測を上回っていたため、エジプトに送られた2つの部隊は戦闘機をそちらに持ってゆかれてしまう羽目になった。

　航続距離の短い飛行機をエジプトに送るのは、マルタへのとき以上に難しかった。まず、箱詰めした機体を船で黄金海岸(現・ガーナ)のタコラディに運び、そこで組み立てて試験飛行をした。それからナイジェリア、仏領赤道アフリカ、スーダンを通るアフリカ横断補給ルートに沿って、途中10回の着陸を経て空輸された。

　第145飛行隊は5月後半になって、ようやく定数を満たす戦闘機を受領し、リビア東部のガムブトに近い前線着陸場に再展開した。6月1日、部隊はこの戦域での初の実戦に出撃し、地上銃撃を行うハリケーンの上空掩護をつとめた。一方、ドイツ・イタリア両軍はこの間に大規模な攻勢を開始し、急速に東方へ進撃しつつあった。イギリス連邦軍は次々に拠点を制圧されて、じりじりと後退を強いられ、ガムブトに到着したスピットファイアも、すぐにエジプト西部のシディ・バラニ近くの第155着陸場へ大急ぎで退却しなくてはならなかった。6月10日、この戦域上空の激しい空戦で、飛行隊長チャールズ・オーヴァートン少佐はドイツ空軍第27戦闘航空団第Ⅱ飛行隊のBf109Fを1機、ビル・ハケイム付近に撃墜し、とうとうエースとなった——この敵機には当時、

貨物船「ナイジャーズタウン」に積まれてオーストラリアに向かう途中の1942年7月、"ハイジャック"に遭って中東に回されたスピットファイアの1機、MkVC BR392。第601飛行隊に支給され、その後10月に戦闘で失われた。

39機のスコアをもつルードルフ・ジナー中尉が搭乗していた（詳しくは本シリーズ第5巻「メッサーシュミットのエース 北アフリカと地中海の戦い」を参照）。オーヴァートンの戦果は1940年8月13日以来、4.5機で止まったままだったのだ！ シディ・バラニもじきに危なくなり、第145飛行隊も、アレクサンドリア近くの第154着陸場まで後退をやむなくされた。

6月25日、アレクサンドリアから60マイル（97km）と離れていないエル・アラメインで、枢軸軍の進撃はついに停止した。そのときには第154着陸場で、スピットファイアの2個飛行隊が実戦配備についていた。さきに述べた第145と、マルタから着いたばかりの第601である（第4章を参照）。第92飛行隊は、いまだに保有機が定数に達するのを待ちわびていた。

それ以前の数週間にわたる激しい戦いのあいだ、ハリケーンとキティホークで装備していた戦闘機部隊は、速力に勝るBf109Fに苦しめられた。この戦域には何としても、もっと多くのスピットファイアが必要だった。そして、それは思わぬところからやってきた。7月2日、オーストラリア向けのスピットファイアVを42機積んだ貨物船「ナイジャーズタウン」が、輸送船団の1隻としてシエラレオネのフリータウンに立ち寄った。この貨物船は貴重な積み荷もろとも直ちに「乗っ取」られ、タコラディに回航されて積み荷をおろし、戦闘機は急いで組み立てられた。ついでこれらはアフリカ横断ルートで送り出され、最初の機体はその月の末までにエジプトに到着した。この思わぬ授かり物は直ちに第92飛行隊に配属され、これで同飛行隊は定数を満たすことができた。残りのスピットファイアは三つの飛行隊に損耗が出た際に穴を埋めるための予備機となった。

高空での幕間劇
High Altitude Interlude

1942年の春と夏、クレタ島を基地とするJu86P偵察機は、エジプトにあるイギリス軍事施設に対して超高空からの写真偵察を何度か実施した。この進歩的な飛行機は2段式過給機を備えたユモ207型ディーゼル発動機2基を動力とし、2人乗りのキャビンは与圧されていた。

8月20日の飛行はその典型的なものだった。連合軍のレーダーはJu86Pが高度40000フィート（12000m）で、ポート・サイド近くの海岸線を越えるのを探知した。ユンカースはスエズ運河の全延長に沿って、時速200マイル（322km/h）でゆっくり巡航飛行しながら、途中の船舶や軍の基地、飛行場の写真を撮った。ついで機首を北西に向け、アレクサンドリア付近の戦闘機着陸場（間違いなく、第154を含む）を撮影、海軍基地の上を通って海上に出た。5機のスピットファイアが侵入者のあとを追い、うち2機が敵よりずっと低い高度から射撃を加えたが、弾丸は当たらなかった。だが航空偵察は一方だけの独占芸ではなく、スピットファイアの長距離写真偵察型──MkⅣ──も、この戦域で活躍していた。ユンカースのような超高空性能はもたなかったものの、速力はずっと大きく、枢軸側支配地域の上空を、ユンカースと同じくらいの不死身ぶりで行動した。

Ju86Pの写真偵察行を中止させるか、せめて妨げる必要が、やがて軍事的最重要課題となった。イギリス軍はエル・アラメインで"最後の塹壕"に閉じこもり、ドイツ軍のエルヴィン・ロンメル大将はその防衛線を突破するための大攻勢を準備しつつあった。そのあいだ、Ju86Pはイギリス側の防備とその

アメリカ人、ランス・"山猫"・ウェード少佐は母国が参戦する以前にイギリス空軍に入り、1941年から1942年にかけ、西部砂漠戦線でハリケーンを駆って多くのスコアを重ねた。1943年1月に第145飛行隊長となり、スピットファイアMkVでチュニジアの戦いに臨んだ。1944年に飛行中の事故で死亡したが、そのときのスコアは撃墜23、協同撃墜2、不確実撃墜1、撃破13だった。

ジョン・テイラー大尉は1942年夏、第145飛行隊に属して西部砂漠で戦った。1943年3月には少佐に進級、第601飛行隊長となったが、7月に戦死した。当時のスコアは撃墜13、協同撃墜2、不確実撃墜2、撃破10、協同撃破2。(via Franks)

全部で274機のスピットファイアVが逆方向の武器貸与法：レンドリースでアメリカ第12航空軍に引き渡され、第31、第52両戦闘航空群に属してチュニジアとシチリアで戦った。これは1942年11月、ジブラルタルのノース・フロントで米軍への引渡しを待つスピットファイア。全機、ミドルストーンとブラウンのイギリス空軍標準砂漠迷彩が施されている。イギリス空軍の蛇の目の上に、粗雑に塗られた星のマークに注意。(RAF Museum)

後背地域の上を、広い範囲にわたって定期的に意のままに偵察飛行していた。

　この脅威に対抗する企てのひとつとして、スピットファイアVI型高高度戦闘機が6機、エジプトに到着していたが、装備している与圧式キャビンの重量が大きすぎ、Ju86Pの飛行高度まで上昇できなかった。そこで、アブーキールの第103整備隊の技術者たちはMkVを何機か改造して高高度迎撃機にすることにし、軽量化のため、装甲板や4挺の7.7mm機銃など、必要でない装備品をすべて取り外した。エンジンも改造されて圧縮比を上げ、プロペラはIV型から外した4枚羽根のものを付けた。少なくとも3機——BP985、BR114、BR234——が、このように改造され、主翼先端も延長されて尖った形になり、また20mm機関砲の代わりに0.5インチ（12.7mm）機関砲2門が装備された。

　脇道に逸れるが、ここで成層圏という高度がスピットファイアの性能に及ぼす影響について、説明しておかなくてはならない。成層圏より低い高度では、大気の温度は高度が上がるのに比例して低下する。だが、いったん成層圏まで達すると、それから上、ほぼ10000フィート（3050m）のあいだは、高度が増しても気温はおおむね一定を保つ。成層圏の高度は赤道に近いほど高い。北緯30度にあるカイロでは、成層圏は高度およそ45000フィート（13720m）から始まり、そこから上の気温はだいたい摂氏－62度で一定している。もっと赤道から遠ざかると、成層圏の高度は下がり、その上の気温も、もう少し上がる。こうして、北緯52度にあるロンドンでは成層圏高度はだいたい36000フィート（10970m）、そこから上の気温はほぼ摂氏－54度となる。

　高空での外気温度の違いは、スピットファイアVの性能に大きく影響した。気化器に吸い込まれる空気は冷たいほど密度が大きいから、マーリン発動機の発生する馬力もそ

チュニジアの戦い中、連合軍部隊はときとして劣悪な状況のもと、設備の悪い飛行場から行動することを余儀なくされた。これは分散駐機場で車軸まで水に浸かった第52戦闘航空群第5戦闘飛行隊のMkV VF-E。(via Thomas)

れだけ大きくなった。従って、スピットファイアはエジプト上空を飛ぶほうが、イギリス上空を飛ぶと仮定した場合より、実用上昇限度はずっと高かった。

　例の軽量化スピットファイアは8月24日、初の成功を収めた。G・レイノルズ中尉がカイロ北方、高度37000フィート（11300m）で、1機のJu86Pを迎撃したのである。はじめ侵入者は高度を上げて戦闘機を振り切ろうとしたが、レイノルズは長いあいだ追跡を続けて高度42000フィート（12800m）まで上昇したのち、150ヤード（137m）まで接近して火蓋を切った。レイノルズは左舷エンジンに弾丸を命中させたと思ったが、そのあとユンカースは翼を振って飛び去り、姿が見えなくなった。いくつかの出版物には、このJu86Pは撃墜されたと書いてあるが、ドイツ側の記録では無事に基地に戻ったことがはっきりしている。とはいえ、ドイツ空軍の乗員たちにしてみれば、明らかにこれは迎撃戦闘機に対して彼らが長らく不死身だった日々が、いまや終わりつつあるという不吉な前兆だった。

　この最初の戦闘のあと、高高度用スピットファイアはさらに重量軽減のための改造を施された。無線機とアンテナ柱を取り外し、電池は通常のものに代わって軽量型になり、燃料容量も30ガロン（136リッター）減らされた。高高度迎撃のための戦術計画も改められた。その中では、前述のように改造された機体は「ストライカー」と呼ばれ、迎撃の際にはこれに加え、同じく軽量化されているが無線機を残したもう1機が同行することになり、こちらは「マーカー」と呼ばれた。「マーカー」のパイロットは無線で地上の管制官と連絡をとり、その指示に従って、できるかぎり敵機に接近した。「ストライカー」は「マーカー」の上空数千フィートの、どちらか片側に寄ったところに位置し、Ju86Pの機影が見えたら戦闘行動に移ることになっていた。もしも「ストライカー」が、その貧しい火力でユンカースに損傷を負わせることができたなら、彼は「マーカー」も攻撃に加われるよう、敵機を降下させられるかも知れなかった。

　この新しい戦術が初めて実戦で試されたのは1942年8月29日。ジョージ・ジェンダーズ少尉（それ以前、北アフリカで第33飛行隊のハリケーンに乗って9.5機を撃墜し、すでにエースだった）は「ストライカー」でユンカースの下方約1000フィート（305m）まで到達したが、すこし射撃しただけで機関砲が止まってしまった。戦闘後、彼は戦果をあげたとは報告しなかったが、ドイツ側記録によると、この射撃はジェンダーズが思った以上の効果を収めていた。問題のJu86Pは大きな損傷を受け、地中海に不時着水して乗員はドイツ側救難隊に救出された。

　9月6日、ジョージ・ジェンダーズ少尉は再び「ストライカー」——このときはBR234——に搭乗し、1機のJu86Pを高空で迎撃して、海上まで追いかけた。ユンカースがアレクサンドリアの北方約80マイル（129km）に達したところで、ジェンダーズはようやく射撃位置についた。彼の射弾はユンカースに損傷を与え、やむなく高度を下げたところを、A・ゴールド少尉の「マーカー」がさらに攻撃した。Ju86Pは地中海のかなたに姿を消し、2人のパイロットは敵1機の

第31戦闘航空群第308戦闘飛行隊のMkVC。機体コードHL-AAのうち、AAは同航空群の副司令、R・A・エイミス中佐の乗機であることを示す。（via Robertson）

撃破を報告した。だが長時間の追跡で「ストライカー」の乏しい燃料は使い尽くされ、帰る途中で終わってしまった。ジェンダーズは滑空して南に飛び続けたが、高度1000フィート（305m）まで下がっても海岸はまだ遠かったため、パラシュートで飛び降りた。海上に着水したジェンダーズを空海救難隊が捜索したものの、見つけられず、彼は21時間も泳いだのち、ようやく陸に着いた。ドイツ側の記録によれば、このJu86Pも生き残ることができず、ドイツ軍占領下の砂漠に不時着し、廃棄処分となった。

9月にもJu86Pへの迎撃は二度行われ、10日はレイノルズ中尉、15日にはゴールド少尉が出動した。2人とも侵入者に対して射撃を加え、命中したかも知れないと思っていたが、ドイツ側記録はこの両日ともJu86Pが損害を受けたとは記していない。

実際は、改造されたスピットファイアVは敵のそれ以上の偵察活動を抑制する十分な働きをした。7月最後の週、ドイツ軍偵察部隊は兵籍上は3機のJu86Pを保有していたが、出動可能なのは1機に過ぎなかった。その優れた性能にもかかわらず、稼働率の低さが出撃回数を引き下げていた。8日間のうちに2機のJu86Pを破壊したことで、スピットファイアは彼らがこれ以上、ナイル・デルタ地域に図々しく侵入してくることを食い止めた。以後、この高高度偵察機はたまに飛ぶだけになり、また飛ぶときは防御の堅い地域を避けていた。

エル・アラメインとその後
El Alamein and After

エル・アラメインで地上戦に付随して起こった残忍な空の戦いのあいだ、スピットファイア部隊のおもな任務は、イギリス空軍のほかの部隊が妨害を受けずに任務を遂行できるように、上空で掩護することだった。この任務のおかげで、スピットファイアはドイツのBf109Fと頻繁に対戦した。

そのころ西部砂漠空軍に属していた3つのスピットファイア部隊は、まとめられて第244航空団となった。これら3部隊のうち最後に到着した第92飛行隊は、その装備機を挫折感を抱きながら長らく待ちわびたあと、イギリス本土航空戦で戦った古強者、ジェファーソン・ウェッジウッド少佐の指揮のもと、名誉回復の意気に燃えて戦闘に復帰した。実際、少佐は1942年8月14日、ドイツ第27戦闘航空団第II飛行隊のBf109Fを1機撃墜し、この戦場での部隊初戦果をあげた。それから10月末までのあいだに、ウェッジウッドはさらに7機のBf109Fを撃墜し、8機を撃破した（加えて、Ju87も1機撃墜）。この飛行隊のもうひとりの多数機撃墜者、ジョン・モーガン大尉はBf109を5機撃墜、1機を協同撃墜、1機を協同で不確実撃墜し、5機を撃破した。彼はそれ以前、北アフリカでハリケーンIIに乗って2機撃墜を記録していた。第145飛行隊の新しい指揮官となったジェラルド・マシューズ少佐も、「フランスの戦い」とイギリス本土航空戦の両方に参加した古強者だったが、やはりこのとき奮戦して2機撃墜、2機協同撃墜、2機不確実撃墜、そして1機を撃破した。その前にハリケーンであげた勝利と合計して、彼はエースとなった。

11月4日、2週間にわたる激戦ののち、連合軍はエル・アラメインのドイツ・イタリア軍防衛線を突破した。こうして枢軸軍は西に向かって長い退却戦を開始し、それは彼らが翌年早くにリビアから追い出されるまで、ほとんど休むことなく続いた。この期間中、空での戦いは比較的少なかったが、それはドイ

イギリス本土航空戦で戦った古強者、イアン・グリード中佐はチュニジアで第244航空団の司令を務めていたが、1943年4月16日に撃墜され死亡した。戦死当時のスコアは撃墜13、協同撃墜3、不確実撃墜4、不確実協同撃墜3、撃破4。(via Franks)

上下●MkVB AB502/IR-Gは1943年春、グリード中佐の個人用機だった。この機体はその1年も前の1942年1月にイギリス空軍に引き渡され、同年5月にタコラディへ海路運ばれたもの。グリードは1943年4月16日に戦死した際、この機体に搭乗していた。(via Robertson)

ツ空軍戦闘機隊が戦力を消耗し、燃料も不足していたためだった。そのあいだに、戦いの焦点は次の節で述べるように、数百マイル西へと移動していた。

「トーチ」作戦
Operation Torch

　エジプトの枢軸軍防衛線が崩壊の途中にあった1942年11月8日、連合軍は北アフリカに新たな前線を構築した。「トーチ」(たいまつ)作戦がそれで、モロッコとアルジェリアの広く離れた地点に部隊が上陸し、飛行場が確保されるやいなや、イギリス空軍とアメリカ陸軍航空隊が乗り込み、作戦行動を開始した。イギリス空軍の派遣部隊のうちにはスピットファイアV装備の7個飛行隊、すなわち第72、81、93、111、152、154、242飛行隊が含まれていた。

同じ機種を装備した二つのアメリカ軍戦闘機部隊、第31および第52戦闘航空群も戦いに加わった。

いまや戦いは競争となった——陸上に戦力を構築し、チュニジアへ進攻しようと苦闘する連合軍と、そこに防御拠点を確立するため、大急ぎで入ってきたドイツ軍とのあいだの。はじめのころ両者が接触したときには、幾度か激しい争いが起こったが、やがて冬が始まり、戦況は膠着状態に陥った。

アルジェリアの道路状態は悲惨なもので、その結果、この国の東部とチュニジアにいた連合軍はたびたび補給の不足に苦しんだ。その上、この地域の飛行場は全天候下で運用できるように整備されたものがほとんどなく、大雨のあと、飛行機はしばしば泥にはまり込んで動けなくなった。こうした要因は連合軍側の出撃率に厳しい制約を負わせた。

対照的に、ドイツ空軍はこの戦いの初めのうちは敵より恵まれていた。数量の面では劣勢だったものの、チュニジア中央部のドイツ軍飛行場はもっと設備が整っていたし、第2戦闘航空団第Ⅱ飛行隊がFw190A-4を装備して到着したことは、ある程度の技術的優位をドイツ側に与えた。その結果、ドイツ空軍はときおり戦場上空で制空権を得ることができた。けれども冬の大部分のあいだは、天候が悪くて両軍とも効果的な航空作戦は行うことができなかった。

年が明けるとまもなく天候は好転し、戦況は急速に連合軍側に有利に展開した。飛行場の改良を精力的に行ったあと、連合国空軍はその力をさらに増強することができ、以後、この方面作戦がほとんど終わるまで、活発な航空活動が行われ、何度か激しい戦闘があって、双方とも損失を出した。

1月末にはスピットファイアⅨがこの戦域に初めて登場し、他の連合軍戦闘機の上空掩護を務めた。一方、枢軸軍の補給ルートに対する連合軍の締め付けは空と海でますます厳しく、イタリアからチュニジアへの物資輸送は困難の度を増すばかりとなった。「フラックス」作戦の名のもと、連合国空軍は枢軸軍への空路による補給を断つ大規模な軍事行動を実施し、多数の枢軸軍輸送機が撃墜されて、ドイツ空軍の輸送能力は見るかげもなく衰えた。4月の初め以降、在チュニジアの枢軸軍の崩壊が近いことは明白となり、1943年5月7日、彼らは降伏した。

チュニジアでのスピットファイアⅤによる最多撃墜者は第92飛行隊のネヴィル・デューク大尉（第8章参照）で、12機撃墜、1機撃破が認められた。同じ戦場でのもうひとりの多数機撃墜者は第322航空団司令をつとめたペトルス・"オランダ系"・フーゴ中佐（同じく第8章参照）で、8機を撃墜、1機を協同撃墜、2機を不確実撃墜するスコアをあげた。

chapter 7
はるかな戦場で
spitfire Vs far and wide

■ ダーウィン
Darwin

　1942年2月、日本軍がダーウィン地区の目標に一連の空襲を行い、その上陸が懸念されたのち、オーストラリアのジョン・カーティン首相はウィンストン・チャーチルに対し、自国防衛のためにスピットファイアを送ってくれるよう緊急の要請を行った。戦闘機軍団は第54、452、457各飛行隊──あとの2つはオーストラリア人部隊だった──に、海外への移動準備を発令した。1942年6月、部隊人員と箱詰めされた48機のスピットファイアVを載せた貨物船「ナイジャーズタウン」と「スターリング・カースル」はリヴァプールを出港、メルボルンへ向かった。

　前節で述べたように、この船団がシエラレオネのフリータウンに着いたとき、「ナイジャーズタウン」とその積み荷のスピットファイア42機は、中東で戦っている部隊用に横取りされ、ただ「スターリング・カースル」のわずか6機のスピットファイアとパイロットたち、および地上勤務員たちだけが残された。「スターリング・カースル」は8月13日にメルボルンに入港、箱詰めの戦闘機は近くのオーストラリア空軍レイヴァートン基地で組み立てられた。ついでシドニー近郊のリッチモンド基地に移動し、パイロットたちは飛行技量を取り戻そうと、交代で熱心にスピットファイアを空に飛ばせた。

　つぎにオーストラリアへ多数送られたスピットファイアは新品のVCが43機で、貨物船「ホープリッジ」に積まれ、8月4日にリヴァプールを出た。そして10月の第3週にメルボルンに入港、箱詰めの機体は組み立て作業のためレイヴァートンに送られた。同時に、リッチモンドでは砂漠空軍で勇名をはせたエース、クライヴ・コールドウェル中佐を指揮官として、オーストラリア空軍第1戦闘航空団(No. 1 Fighter Wing)が編成された。11月初頭には新しいスピットファイアも部隊に到着しはじめ、続く2カ月間、航空団は戦闘準備にいそしんだ。飛行隊は第54がリッチモンド、第452がバンクスタウン、第457はカムデンと、いずれもシドニー付近の飛行場を基地とした。

　1943年1月、航空団はノーザン・テリトリー［北部地方］に移動、第54飛行隊は海岸にあるダーウィンに、第452と457はどちらも内陸にあるストラウスとリヴィングストン飛行場に、それぞれ分駐した。当時、ここはオーストラリアの辺境の地で、飛行場は作戦行動を持続してゆくには装備が不十分だった。さらに、部隊は長くて細い補給線の末端にいたため、当然ながらスペア部品の不足に苦しんだ。

　作戦行動の初めのころから、もう難問が続出した。というのも、スピットファイアはいまだかつて真に熱帯的な環境のなかで飛んだことがなかったため

だった。地上で湿気と塵埃、それに極めて高い気温の三拍子に直面した飛行機が、高空に上がると、そこでの気温はスピットファイアがいままで経験したどこよりも低かった。ほとんどすぐに、もう2年前に解決したと思われていたプロペラ定速装置の故障が再発した（第1章参照）。はじめに考えられた諸対策はこの状況に対応できず、新しい改良策が開発されるまでに、多数のスピットファイアが定速装置の不具合によって不時着して失われ、また損傷を受けた。

本国イギリスで、整備員たちがスピットファイアのエンジンに長い船旅をさせるための処置をとらずに箱詰めしたことも、さらなる機械的問題の原因となった。その結果、一部の機体はエンジンの冷却液配管が腐食した状態で到着したため、グリコールが漏れ、配管を取り替えるまで飛行停止をやむなくされた。

1943年2月1日、オーストラリア空軍第1戦闘航空団は戦闘行動可能と宣言され、そのわずか5日後、初めて怒りの銃火を開いた。第54飛行隊のスピットファイア2機が、日本軍独立飛行第70中隊に属する三菱

3葉とも●1943年3月、オーストラリア北部地方ダーウィンにおける第54飛行隊長エリック・ギブス少佐のMkVC BS164/DL-K。この機体は1942年6月、イギリス空軍に引き渡され、貨物船「ホーブリッジ」でオーストラリアに送られた。1942年10月に到着、第54飛行隊に割り当てられた。ギブスはすべての出撃に本機を使用し、1943年3月2日に零戦1機の撃墜を報告したのを皮切りに、4カ月余りで撃墜5、協同撃墜1、撃破5のスコアをあげた。本機は1943年11月にオーストラリア空軍に移籍し、1944年1月に他機と空中接触して大きな損傷を受け、登録を抹消された。
[ギブスが零戦を撃墜したと主張する3月2日、5月2日、6月30日、また一式陸攻を撃墜および協同撃墜したとする6月30日に、日本側に該当する喪失機はない]

海岸のパトロールから帰還したMkVCを、ダーウィンの雑木林のなかの迷彩された分散駐機場へと地上勤務員が押してゆく。

製キ-46「ダイナ」［百式司令部偵察機］1機を迎撃するため緊急発進したのである。イギリス本土航空戦ではハリケーンで戦った古強者で、やがてオーストラリアでエースとなるボブ・フォスター大尉が敵機に追いつき、これを海上に撃ち落した。それまでは、高速で高空を飛ぶ「ダイナ」は何の妨げも受けることなく、この地域の目標を思うがままに撮影していた。以後、彼らが生き続けてゆくことはずっと難しくなった。

つぎに日本軍が大規模な空襲をかけてきて、スピットファイア隊と最初に対戦したのは3月2日。日本海軍第753航空隊の三菱G4M「ベティ」爆撃機［一式陸上攻撃機。以下、陸攻と略記］9機が、第202航空隊の三菱A6M「ジーク」戦闘機［零式艦上戦闘機。以下、零戦と略記］21機に護衛されて、コーマリに来襲した。経験豊かな日本軍部隊はティモール島のラウテンから発進し、これを第54飛行隊と第457飛行隊の各12機のスピットファイア、およびコールドウェル中佐とその僚機が迎撃しようと飛び立った。この日は地上からの管制指示が完全にはほど遠かったため、スピットファイアのうち何機かは全く敵に接触できなかった。

敵にめぐり合えたスピットファイアが、高空でいざ戦おうとしたとき、新たな問題がもち上がった。高温多湿の地上と極低温の高空という組み合わせのせいで、多数のスピットファイアの機関砲が凍結し、射撃不能となったのだった。

イギリス本土航空戦のときと同じように、オーストラリア上空の戦いでも、両軍とも戦果を過大に報告することが目立って多かった。多数の飛行機が参加する戦闘では、こうした過大報告は予想されることで、当日、防御側は零戦2機に加え、中島B5N「ケイト」単発爆撃機［九七式艦上攻撃機］1機を撃墜、1機を撃破したと主張した。日本側の記録から、この戦闘に九七式艦上攻撃機は1機も参加せず、これらはほぼ間違いなく零戦を誤認したものだったこと

ダーウィンの分散駐機場から、離陸を前に地上滑走してゆく第54飛行隊のMkVC。

ダーウィン上空をパトロール中の第54飛行隊のMkVC。(via Robertson)

が、今では判明している。一方、日本軍は防御戦闘機3機を撃墜したと報告し、その機種については「P-39」と「バッファロー」だったとしている。実際は、この戦闘では両軍とも1機の飛行機も失わなかったのだ！

3月7日、バサースト島近くに現れた百式司令部偵察機1機を第457飛行隊の4機が迎撃し、海上に撃墜した。つぎに日本軍の大規模な侵攻が行われたのは8日後の3月15日。753航空隊の陸攻19機が、202航空隊の零戦26機に護衛されてダーウィンを襲った。27機のスピットファイアが迎撃に飛び立ち、爆撃機の周辺で激しい空戦が展開された。防御側の主張では侵入者9機を撃墜、4機を不確実撃墜、6機を撃破したが、その代償にスピットファイア4機を失い、パイロット2名が戦死した。いまでは、陸攻のうち8機が損傷を受けたものの帰還し、失われたのは零戦1機だけだったことが判明している。侵入者は、防御側戦闘機11機を撃墜、さらに5機を不確実ながら撃墜したむね報告した。爆弾はダーウィンのアメリカ陸軍司令部の建物と鉄道線路、および貯油タンクに落ちた。

そのあと空の活動は一休みし、5月2日、日本軍は再び大兵力で戻ってきた。侵入者たちは以前と同じ部隊から抽出され、陸攻18機と護衛の零戦26機からなっていた。33機のスピットファイアが迎撃に緊急発進したが、うち5機は機械的トラブルで早々に引き返さなくてはならなかった。爆撃機周辺の死闘は海上にかなり出たところまで続き、防御側の報告は敵機7機を撃墜、4機を不確実に撃墜、7機を撃破したと主張した。5機のスピットファイアが戦闘で、もしくは恐らく戦闘の結果、失われた。侵入者側は陸攻7機、零戦7機がそれぞれ被弾したものの、全機が基地に帰還した。

戦闘を終えたあと、防御側戦闘機のうち若干機は困難に見舞われた。長時間、スロットルを開き放しで飛行したため、4機のスピットファイアがエンジン、またはプロペラ定速装置に故障を起こし、さらに5機は燃料を使い果たしてしまった。その1機は海中に、4機は陸上に不時着した。合計すると、14機のスピットファイア

ニューギニアの飛行場を滑走するオーストラリア空軍第79飛行隊のMkVC ES307/UP-X。尾部が白く塗られているのは、この戦域の主要戦力だったアメリカ第5空軍の要請によるもので、1943年9月以降実施された。

が戦闘から帰還せず、3名のパイロットが行方不明となった。不時着した機体のうち、1機はのちに無傷で回収され、3機はスペア部品の供給源用に使われたが、1機は登録を抹消された。

　かりにその戦果が彼らの報告通りだったとしても、航空団は善戦したとはいいがたく、そのあと、ダグラス・マッカーサー大将の司令部の公式発表が、これに追い討ちをかけた。スピットファイア隊はダーウィンに襲来した日本軍爆撃機および護衛戦闘機と交戦し、その過程で「甚大な損害」をこうむったと述べたのである。発表は、損失のうち何機かは逆風が原因で、スピットファイアは海上へ吹き流されてしまったのだとも説明していた。この公式発表はオーストラリアの新聞各紙のトップニュースとなった。論説は「重大な敗北」を論じ、スピットファイアは果たして「ジーク」と対等に戦えるのか、と疑問を投げかけたものもいくつかあった。気象条件が不利に働いたという報告も大きく取り上げられたが、これは事実とは異なっていた。その地域の当日の気象記録によれば、高度15000フィート(4500m)では風速9m、東北東の風が吹いていた。風は、むしろ防御側戦闘機の帰還飛行を助けたのだった。

　つぎに北オーストラリアで両軍が衝突したのは5月10日、202航空隊の零戦9機がミリンギンビ飛行場に銃撃を加えた。この飛行場には第457飛行隊の分遣隊が駐留していて、スピットファイア5機が迎撃に離陸した。防御側は零戦を2機撃墜、1機を不確実に撃墜したと報告、スピットファイアは1機が不時着して修理不能な損傷を受けた。零戦は戦闘で1機が失われ、もう1機が帰途に不時着した。

　5月18日には、5月2日の戦闘で行方不明となっていたパイロットのひとり、第452飛行隊のロス・スタッグ軍曹が、思いがけず基地に戻ってきた。空戦中、彼は乗機がプロペラ定速装置に故障を起し、やむなくパラシュートで海上に降下した。そして救命筏を漕いでフォッグ湾の陸地に着いたが、海岸線の背後の広大な塩水の沼地から抜け出る道を捜すのに、それから2週間を費やさなくてはならなかったのだ。

　5月28日、日本軍はこんどは753空の陸攻9機と、202空の零戦7機で再びミリンギンビにやってきた。スピットファイア6機が侵入者と戦うため離陸、爆撃機3機を撃墜し、かわりにスピットファイア2機を失ったと報告した。だが実際の日本側の損失は爆撃機2機が撃墜され、1機が基地の近くに不時着していた。ダーウィンのスピットファイアが、とにかく初めて爆撃機を落としたのだ！攻撃側はスピットファイア4機を撃墜

ソ連空軍に送られる途中のスピットファイアV。1943年4月、イランのアバダンで。この型は143機が引き渡された。(via Robertson)

このMk VBは1943年初めにソ連空軍に引き渡されたうちの1機で、同年の武器展示会での光景［遠方にLa-5が見える］。風防後方胴体上のループアンテナはRPK 10M帰投装置のものだが、横向きに固定されていたため、パイロットはビーコンに向かっているか、逆に遠ざかっているときしか方位を知ることができなかった。(via Geust)

新たに獲得した上陸地点や、前線に近い地域にイギリス空軍戦闘機隊が移動する必要が生じた際、空軍特殊設営隊はきわめて重要な役割を果たした。彼らは前線で設営作業を遂行できるよう訓練され、必要となれば自らを守る装備も備えていた。写真は1943年7月、占領したばかりのシチリア島コーミゾ飛行場における第43飛行隊のMkVCと設営隊員たち。
(via Robertson)

したむね報告している。

　それから2週間、平穏が続いたあと、6月17日には百式司令部偵察機1機がこの地域に高空偵察に飛来した。実に42機ものスピットファイアが侵入者と戦おうと離陸し、海上まではるばる追いかけたものの、司偵は逃げてしまった。

　つぎにダーウィンが攻撃を受けたのは3日後、6月20日のことで、これはそれまでとは異なり、日本陸軍航空隊によるものだった。爆撃隊は飛行第61戦隊の中島キー49「ヘレン」[百式重爆撃機]18機、第75戦隊の川崎キー48「リリー」[九九式双軽爆撃機]9機で、それに護衛として第59戦隊の中島キー43「オスカー」[一式戦闘機]22機がついていた。百式司偵2機も戦果確認のため同行した。

　46機のスピットファイアが急遽、迎撃に飛び立った。侵入者はまず百式重爆がウィンネリー飛行場を高空から爆撃、続いて数分後、九九式双軽がウィンネリーとダーウィンを低空から爆撃し、また機銃掃射を加えた。防御側は爆撃機9機、戦闘機5機の撃墜と、爆撃機8機、戦闘機2機の撃破を報告した。スピットファイアは3機が失われ、うち1機のパイロットは救助された。日本機で実際に撃墜されたのは百式重爆と一式戦が各1機だけで、ほかに百式重爆1機と一式戦2機が戦傷を負って基地の近くに不時着した。攻撃側の報告はスピットファイア9機を撃墜、6機を不確実に撃墜したことになっている。

　8日後(6月28日)、日本海軍は陸攻9機、零戦27機で再びダーウィンにやってきた。スピットファイア42機がこれを迎え撃ち、戦闘機4機を撃墜、爆撃機2機を不確実ながら撃墜したと報告し、損失は不時着して破損したスピットファイア2機だった。今日では、侵入者の全機がラウテンに帰還したことが判明している。ただ陸攻1機は着陸の際に破損し、さらに1機の陸攻と3機の零戦

が被弾していた。

6月30日、日本海軍のいつもの2つの航空隊がフェントン[日本側ではブロックスクリークと呼称していた]飛行場を攻撃した。ここは日本軍占領地への攻撃を続けていたアメリカ陸軍航空隊第380爆撃航空群のB-24爆撃機の基地だった。陸攻23機、零戦27機による攻撃は、B-24を3機破壊し、さらに7機に損傷を負わせた。スピットファイアは38機が迎撃に飛び立ち、敵機を7機撃墜、5機を不確実撃墜、11機の撃破を報告したが、代償にスピットファイア5機を失った。加えて、もう2機のスピットファイアがエンジン故障で失われた。日本側の実際の損害は、陸攻1機が被弾して、自軍基地近くに不時着したに過ぎなかった。日本軍パイロットはスピットファイア16機の撃墜と、3機の不確実撃墜を報告している。

6日後、日本海軍機はまたもやフェントンを襲った。陸攻は21機で、7機ずつ浅いV字形に並んだ3個編隊からなり、直掩の零戦25機とともに進入してきた。36機のスピットファイアが迎撃に緊急発進し、9機を撃墜、3機を不確実撃墜、4機を撃破したと報告している。スピットファイア6機が戦闘で失われ、さらに2機がエンジン故障で不時着した。実際には、日本軍は陸攻2機を失い、ほかに2機が損傷により不時着した。零戦も2機が損傷を負った。侵入者の報告はスピットファイア14機を撃墜、3機を不確実に撃墜したとしている。

このころには、スピットファイアのうち何機かは惨めな状態になっていた。第54飛行隊長エリック・ギブス少佐(第1戦闘航空団在籍中に5.5機撃墜を認定)の戦闘報告は、防御側が直面していた諸問題を物語って興味深いものがある。

「ここ何カ月も代替機が得られず、我々の使用機の多くは嘆かわしい状態にあるが、主としてそのため、最初の攻撃には7機のスピットファイアしか結集

1943年7月、シチリア島のパキーノ、もしくはレンティーニ西飛行場における第601飛行隊のLF MkVB EP689/UF-X。この機体はポーランド人として初めてイギリス人飛行隊の指揮官となった同飛行隊長、スタニスワフ・スカルスキ少佐がたびたび搭乗した。終戦を迎えたときのスカルスキのスコアは撃墜18、協同撃墜3、不確実撃墜2、撃破4、協同撃破1。
(via Jarrett)

アメリカ第31戦闘航空群第307戦闘飛行隊のMkVC。1943年8月、シチリア島ポンテ・オリヴィオで。

1943年、第31戦闘航空群第308戦闘飛行隊のMkV がイタリアの基地で出撃前の地上滑走をする。 (via Ethell)

できなかった。迎撃に離陸した残る4機のうち、1機はグリコール[冷却液]漏れがひどくて戦闘開始前に編隊を離脱し、結局は不時着した。あとの3機はついて来られなかった——我々は2機を失ったが、パイロットはどちらも無事だった」

ダーウィンが白昼に攻撃を受けたのは、これが最後となったが、この地域の他の目標に対しては、依然かなりの規模の襲撃が続けられた。たとえば8月13日から14日にかけての夜、推定9機ほどの爆撃機がダーウィンに侵入したものの、ほとんど損害はなかった。

8月17日、この地区に3機の百式司偵が次の攻撃前の偵察のため飛来したが、第452と457飛行隊のスピットファイアは非常に効果的な迎撃に成功し、高空を飛ぶ司偵を全機撃墜した。同日遅く、第202戦隊の司偵1機が、ダーウィン北西の海上でコールドウェル中佐（MkVC JL394に搭乗）に捕捉され、すみやかに撃墜された。これは同中佐の25、ないしは26機目の、そして大戦最後の個人撃墜となった。そのうち、7機が第1戦闘航空団司令在任中にあげたスコアとされている。

[コールドウェル中佐が撃墜を報告した日に、日本側には実際は喪失機がなかったケースがいくつかあり（たとえば3月2日、5月2日、6月30日）、それらを除くと、第1戦闘航空団司令在任中の中佐の実際のスコアは1機か、多くて2機となる]

つぎに百式司偵がこの地域に侵入を敢行したのは4週間足らずの後で、若干の仲間を連れてやってきた。9月13日、独立飛行第70中隊の司偵3機が第202航空隊の36機もの零戦の上空掩護のもと、写真撮影のため飛来したのだ。48機のスピットファイアが侵入者と戦うべく離陸したが、迎撃位置まで上昇したとき、護衛隊が防御側に奇襲をかけ、スピットファイア3機を撃ち落した。それに続く乱戦で、スピットファイア隊は日本戦闘機5機を撃墜、2機を不確実撃墜、7機を撃破したと主張、かたや零戦隊はスピットファイア13機を撃ち落し、加えて"各種の戦闘機"5機を不確実に撃墜したむね報告した。侵入者側が実際に失ったのは零戦1機だけだった。

9月26日、日本陸軍飛行第75戦隊の九九式双軽爆撃機21機が、同数の零戦に護衛されて、ドライスデール・リヴァー・ミッション飛行場を攻撃した。第452飛行隊のスピットファイアが緊急発進したが、会敵できず、2機が機械的故障により墜落し、乗員は2人とも死亡した。

その後しばらく戦いは途切れたが、11月11日から12日にかけての夜、第753航空隊の一式陸攻8機がフェントンを襲った。ジャック・スミッソン中尉が

これを迎え撃ち、陸攻2機の撃墜を報告したが、当夜、実際に失われた陸攻は1機だけだった。とはいえ、この機には753空飛行長・堀井三千雄中佐が座乗していたため、日本海軍には大きな痛手となった［本シリーズ第26巻「太平洋戦争の三菱一式陸上攻撃機　部隊と戦歴」第六章を参照］。

これが、オーストラリア本土に爆弾が落ちた最後のときとなった。いくつかの出版物は、スピットファイアが侵入者に多大の損害を負わせた結果、オーストラリアへの攻撃を中止に追い込んだのだと述べているが、最新の調査によれば、これは明らかに正しくない。実のところ、一連の攻撃を通じて、日本側の損失は意外なほど少なかった。攻撃が終わったのは単に、ソロモン諸島をめぐる戦いが日本側に不利に展開し、経験豊かな戦闘部隊がほかの地で必要となったからに過ぎない。

この章でおおまかに述べた理由により、スピットファイアⅤは、北部オーストラリアへの攻撃を打ち砕くのに失敗した。この失敗が知れ渡り、スーパーマリン社に報告が届いて対策が講じられたときには、日本軍の攻撃はほとんど終わっていた。MkⅤの後継機となるMkⅧはすでにフル生産に入っており、MkⅧにはダーウィン上空で直面した問題点を克服するための、いくつかの改良措置も取り入れられていた。この新型スピットファイアは南太平洋で快調に働き続けることになる。

ソ連でのスピットファイア
Soviet Spitfires

1942年の末、ソ連政府は西側の同盟国からの軍事援助のなかに、スピットファイアの1バッチを入れてくれるよう要請した。そして1943年3月、全部で143機のスピットファイアⅤが箱詰めされて、イラクのバスラ港に着いた。シャイバにあったイギリス空軍整備部隊のスタッフが、これらを組み立てて試験飛行をし、ソ連空軍に引き渡した。ソ連パイロットはイランを経由して、これらを"祖国"まで空輸した。これらのスピットファイアはVHF無線機を下ろし、代わりに、マストから尾部まで張ったアンテナ線が必要な旧式のTR9 HF無線機に積み替えていた。当時、ソ連空軍はVHF無線機を使用していなかったためだった。

スピットファイアのうち若干は第36戦闘機連隊にゆき、同部隊はスピットフ

1943年の後半、エジプトのエル・ダバ飛行場に展開したオーストラリア空軍第451飛行隊のMkVC。

1943年10月、カルカッタのダムダム飛行場で撮影されたMkVC MA383。この機体はのちにビルマのバイガチで第136飛行隊の所属となり、アレクサンダー・コンスタンタイン少佐が実戦で使用したとされている。コンスタンタインはその最終スコア、撃墜3、不確実撃墜3、撃破2を、すべて1944年1月から2月にかけ、MkVCであげた。本機は1944年7月に除籍処分となった。(via Thomas)

アイアに機種改変するため、カスピ海に面したバクーへ移動した。その直後、この連隊は名誉ある「親衛」部隊の称号を受け、親衛第57戦闘機連隊となった。その春、同連隊は黒海北岸の上に張り出した南部前線で熾烈な空戦をスピットファイアで戦ったが、6月末にはソ連製戦闘機に機種改変するため後退した。

ほかにスピットファイアVを運用したソ連空軍部隊については、確かな情報がほとんど得られない。ただこれに関連して、第821防空連隊と第236防空師団の名が以前から言及されている(より詳しくは、本シリーズ第2巻「第二次大戦のソ連航空隊エース 1939-1945」を参照のこと)。

■シチリアとイタリア
Sicily and Italy

1943年7月初めには、連合軍はシチリア島への侵攻準備をほとんど完了した。スピットファイア部隊のいくつかはその年の早い時期に、より強力なMk VIIIとIXに改変していたが、この戦域で使われているスピットファイアは依然、Mk Vが最も多かった。例えば、マルタ島ではスピットファイア5個飛行隊のうち3個(第185、229、1435)がこの旧型で装備し、北西アフリカでは15個飛行隊のうち10個(第43、72、92、152、232、243、242、417、601、それに南アフリカ空軍第1)が、Mk Vで飛んでいた。これに加え、アメリカ陸軍第31および第52戦闘航空群――規模はそれぞれイギリス空軍の航空団に相当――が、スピットファイアVとIXを混成装備していた。ほかに侵攻を支援する戦術偵察を任務とするMk Vが3個飛行隊、また戦闘爆撃任務についているものが2個飛行隊あった。

7月10日、連合軍部隊はシチリア島に強行上陸し、橋頭堡を確立した。第一日目に、島の南端パキーノにある飛行場が占領された。枢軸軍は滑走路を掘り返して使えないようにして去ったが、イギリス軍工兵隊員たちがすぐに表面を平らにし、空軍特殊設営隊は飛行機が着陸できる準備を整えた。3日後、第244航空団のスピットファイア5個飛行隊(Mk V装備の第92、417、601、それに南アフリカ空軍第1を含む)がこの飛行場に進出し、作戦行動を開始した。

激しい戦いを経て、8月15日にはシチリア全島が連合軍の手に落ちた。9月8日、イタリアは降伏、翌日、連合軍はナポリの南、サレルノに上陸した。こ

れがイタリアの"脚"に沿って北へ向かう、長たらしく遅々とした進軍の始まりとなり、それに続く数カ月のあいだに、さらに多くのスピットファイア部隊がMk Vから新型に改変した。1944年春になると、この戦域ではMk Vは前線からほとんど姿を消していた。

■ 東南アジア
South-East Asia

　1943年8月、スピットファイアの最初のバッチ（Mk VC）がインドに着いた。この新戦闘機への機種改変と再教育のため、ハリケーン装備の3個飛行隊——第607、615、136——が、この順でカルカッタ近郊のアリポールまで後退し、11月には第607と第615飛行隊が、ビルマの戦場に近いニダニアとチッタゴンにそれぞれ再展開した。北オーストラリアのときと同じく、より高性能な戦闘機が現れた衝撃を最初に受けたのは、連合軍支配地域の上空に定期的に侵入を続けていた百式司令部偵察機だった。スピットファイアは配備されたその月のうちに、4機の百式司偵を撃ち落した［日本側記録では3機］。

　12月31日、イギリス海軍艦艇はアラカン海岸沿いの日本軍陣地に対して艦砲射撃を行った。三菱キ-21「サリー」爆撃機［九七式重爆］14機が、およそ15機のキ-43一式戦に守られて艦船攻撃にやってきたが、ビルマのラムで戦闘待機していた第136飛行隊は12機のスピットファイアを緊急発進させた。スピットファイアは護衛機の障壁を突破して爆撃機と交戦、九七式重爆13機の撃墜を報告、味方の損失は1機だけだった。とはいえ、オーストラリア上空での戦いに関して入手可能となった新たな情報のことを考えると、これらの報告はかなり控え目に受け取るべき理由がある。
［当日、日本側の実際の兵力は九七式重爆6機、一式戦9機。損害は重爆2機喪失、2機不時着、一式戦1機不時着。著者の懸念している通り、イギリス側の戦果報告はかなり過大だった。詳しくは梅本弘著『ビルマ航空戦』（大日本絵画）第5章を参照されたい］

　1944年1月、スピットファイア隊はこの戦闘区域を通って強襲してくる一式戦と戦って、20機以上を撃墜し、味方の損失は4機と報告した。これらの戦闘からのち、この方面での日本軍の空中活動のレベルは目立って低下した。
［1月中、実際の一式戦の喪失は、不時着機を含めても7機］

　好調なスタートを切ったスピットファイアVではあったが、東南アジアでのその戦歴は長くは続かなかった。1944年2月にはスピットファイアVIIIを装備した2個飛行隊が現地に到着した。3月には第607飛行隊がこの新型機に改変し、残る2つのMk V装備部隊も間もなくこれに続いた。新型に交代したのち、旧型は極東で補助的な任務についた。

chapter 8

スピットファイアV型の高位エース
top spitfire Mk V aces

　本章ではスピットファイアVで戦った高位エース12人の小伝を、この型であげた認定スコアの多い順に掲げる。見出しに示した階級は第二次大戦中の各人の最終階級である。

ジョージ・バーリング大尉
Flt Lt George Beurling

　ジョージ・バーリングは1921年、カナダのモントリオール生まれ。1940年9月にイギリスに渡り、イギリス空軍に入隊した。飛行訓練修了後の1942年春、スピットファイアV装備の第41飛行隊に軍曹として配属され、5月にはフランス海岸沖でFw190を2機撃墜し、最初の勝利をあげた。

　翌月、バーリングは「セイリアント」作戦の一員となってマルタ島に飛び、タカリ飛行場の第249飛行隊に配属された。たちまち彼は空戦技術（とりわけ、見越し射撃術）練習の鬼となり、この要塞化された島の上空の死闘のなかで生き延びるチャンスを大幅に拡張した。人柄は複雑で、他人と打ち解けず、酒もタバコもやらず、［パイロットにありがちな］汚い罵り言葉を吐く癖もなかった——実際、何か普通と違うものに接したとき、バーリングがまず口にするのは「突っ拍子もねえ」という言葉で、当然のように「スクリューボール」が彼のあだ名となった［スクリューボールには『変人・奇人』の意味もある］。1942年7月、枢軸空軍はマルタに一連の総力攻撃をかけ、その絶望的な戦いの中で、バーリングは本領を発揮した。この月、彼は敵15機を撃墜（すべてドイツまたはイタリア戦闘機）、6機を撃破するという、驚くべきハイピッチでスコアを重ね、翌月には少尉に任官した。10月、枢軸空軍はマルタへ大規模な空襲を再開、なかでも激烈だった14日の戦いで、バーリングはJu88 1機、Bf109 2機の撃墜を公認されたが、そのあと機関砲弾の破片がかかとに当たって負傷し、乗機（BR173/D）を脱出して海上に降下、すぐに救助された。バーリングはDSO（殊勲章）を受けたのち、同月末に空路マルタを去り、足の治療とリハビリのためイギリスに帰還した。

　やがてバーリングはカナダ空軍

ジョージ・バーリング大尉はそのスコアの大部分を1942年、マルタ島タカリの第249飛行隊に勤務中に記録した。"スクリューボール"（変人）とあだ名されたカナダ人バーリングはMkVでの最多撃墜者で、大戦が終わったとき、スコアは撃墜31、協同撃墜1、撃破9に達していたが、そのうち撃墜2機以外はすべてMkVであげたものだった。

に移籍し、1943年秋、Mk IXで戦線復帰、最初は第403飛行隊、ついで第412飛行隊に配属された。このあいだに、さらに2機のFw190をスコアに加えている。空の戦士としての才能に疑問の余地はなかったものの、権威というものを認めないバーリングは上官のなかに多くの敵をつくり、その抜群の戦功がなかったら、ほぼ間違いなく軍法会議にかけられていたであろう。1944年4月、彼はカナダに帰国し、またもや軍律上の問題を起こしたあと、同年10月に依願免官となって軍を去った。

軍を離れたバーリングは、市民生活でも結局はうまくやってゆけず、そのあと3年間、職を転々とした。そして1948年春、新国家イスラエルの生まれたての空軍で飛ばないかという誘いを受け入れた。最初の仕事はノーダイン・ノースマン軽輸送機をイスラエルに空輸するものだったが、5月20日、彼と副操縦士が乗った同機はローマを離陸したあと、空中で爆発、墜落し、ふたりとも死亡した――破壊工作があったのではと疑われたものの、ついに証拠は見つからなかった。

大戦終了時、バーリングのスコアは撃墜31、協同撃墜1、撃破9で、2機を除いては、すべてスピットファイアVであげたものだった。文句なしに、この型で最も成功を収めたパイロットである。

ジェイムズ・ランキン准将
Air Commodore James Rankin

ジェイムズ・ランキンは1913年、エジンバラのポートベロに生まれ、1935年にイギリス空軍に入って任官した。しばらく海軍航空隊に勤務したのち飛行教官となり、1940年6月[「フランスの戦い」が終わった月]には第5実戦訓練隊の大尉だった。1941年初めに少佐に進級、実戦経験を得るため、スピットファイアIIを飛ばしていた第64飛行隊にしばらく配属され、その間に2機撃破、三分の一機撃墜のスコアをあげた。ついでランキンは新しいスピットファイアVを最初に受領中の第92飛行隊の指揮官となった。この年、彼は順調にスコアを伸ばし、9月には中佐に進級して、ビッギン・ヒル航空団の司令に指名された。

最高の戦闘機隊リーダーは、自分自身がスコアを重ねるだけでなく、若いパイロットたちが彼の技術を学ぶことを助け、励ましてやれる人物である。第72飛行隊の新入りパイロット、ジム・ロッサー軍曹は、ある「サーカス」作戦の際、ランキンの僚機に選ばれた。フランス上空で、ランキンは単機のBf109を発見し、2人のペアは敵から見て太陽を背にする攻撃位置についた。そこでランキンは無線電話で呼びかけた。「ジミー、いいカモが下にいる。君がやってみろ。後ろは私が守るから」。ロッサーはいわれた通りにし、たやすく勝利を収めた。基地に戻った若いロッサーは自分の手柄に有頂天だったが、ランキンはいかにも彼らしく、部下の報告を裏付ける証言をしただけで、その勝利が実際にはどうやって得られたかについては一言も口にしなかった。

1941年12月から1942年4月まで、ランキンは戦闘機軍司令部の参謀をつとめ、それから二度目の服務期間として、ビッギン・ヒルに戻って航空団を指揮した。1943年には新編成の第2戦術航空軍で第15戦闘航空団の指揮をとり、この部隊が解隊後は第125航空団の司令となって、ノルマンディ上陸の際には同航空団を率いて飛んだ。

空軍准将まで昇進したが、終戦により大佐に戻り、その階級のまま1958年

ジェイムズ・ランキン少佐はMkVによる最多撃墜者のひとりに数えられる。1941年初めに、MkVに改変を済ませたばかりの第92飛行隊長となり、着実に戦果を重ねていった。9月に中佐に昇進、ビッギン・ヒル航空団の司令に就任した。終戦時のスコアは撃墜17、協同撃墜5、不確実撃墜3、不確実協同撃墜2、撃破16、協同撃破3。(via Franks)

に退役した。戦中のスコアは、撃墜17、協同撃墜5、不確実3、不確実協同2、撃破16、協同撃破3。このうち協同撃墜1、撃破1、協同撃破2以外は、すべてスピットファイアVで記録したものだった。ジェイムズ・ランキンは数年前に亡くなった。

■ エイドリアン・ゴールドスミス少佐
Sqn Ldr Adrian Goldsmith

1921年、オーストラリア、ニューサウスウェールズ生まれのエイドリアン・"ティム"・ゴールドスミスは1940年、オーストラリア空軍(RAAF)に入隊、飛行訓練を終えたのち、1941年9月に第234飛行隊に軍曹として配属された。1942年2月には増援パイロットの一員となって、サンダーランド飛行艇でマルタ島に到着した。翌月、ゴールドスミスはハリケーン装備の第126、242、185各飛行隊を転々としたあと、その間にスピットファイアに機種改変した第126飛行隊に戻った。1942年7月にマルタでの服務期間を終えたときには、彼のスコアは11機に達し、少尉に任官していた。イギリスに帰還後、ゴールドスミスはしばらく第53実戦訓練隊で教官をつとめ、ついでオーストラリアに帰国し、ダーウィンでオーストラリア空軍第1戦闘航空団の一構成部隊である第452飛行隊に加わった。1943年、彼は北オーストラリア海岸上空の戦いを通じて、日本軍爆撃機2機、戦闘機2機の撃墜と、戦闘機1機の撃破を報告している。1944年4月には飛行教官となり、以後は戦うことはなかった。
［ゴールドスミスは1943年3月15日と5月2日に、それぞれ一式陸攻1機の撃墜を報告しているが、この両日とも日本側記録では陸攻の喪失はない］

エイドリアン・ゴールドスミスは敵機撃墜11、協同撃墜2、不確実3、撃破7、協同撃破2をあげた。ハリケーンIIによる撃破1を除いて、すべてスピットファイアVによるものだった。ゴールドスミスは1961年に死去した。

■ ネヴィル・デューク少佐
Sqn Ldr Neville Duke

ネヴィル・デュークはケント州トンブリッジに生まれ、1940年にイギリス空軍に入隊、翌年4月、ビッギン・ヒルの第92飛行隊に加わった。その直後、同飛行隊はスピットファイアVに改変した。8月末までに、デュークは撃墜2、撃破2(すべてBf109F)のスコアをあげて、たちまち有能な新人として注目を集め、ときにはビッギン・ヒル航空団司令、"セイラー"・マラン中佐の僚機に選ばれて飛ぶこともあった。

1941年11月、デュークは北アフリカの第112飛行隊に転属し、はじめはトマホーク、ついでキティホークを乗機として戦った。彼は急速にスコアを重ね、1942年2月末には撃墜8、不確実3、撃破4に達した。そのあと11月まで、エジプトのエル・バラーで戦闘機学校の教員をし、ついで、いまではチュニジアに移動し、依然スピットファイアVで戦っていた第92飛行隊へ小隊長として復帰した。デュークはスコアを伸ばし続け、6月に服務期間が終了した時点で、さらに14機の撃墜を加えた。直後に少佐に進級、エジプトのアブー・スエイルにあった訓練部隊で主席飛行教官をつとめた。

1944年3月、イタリアでスピットファイアVIIIを運用中の第145飛行隊の指揮官に就任、9月にはデュークは地中海方面でのイギリス空軍のトップ戦闘機エースとなった。

ネヴィル・デューク大尉は第92飛行隊で就役直後のスピットファイアVに搭乗したが、やがて中東の第112飛行隊に転出し、トマホークとキティホークで戦果を重ねた。1942年11月には、チュニジアに進出して依然スピットファイアVを使用していた第92飛行隊に復帰した。デュークはスコアを伸ばし続け、6月に実戦勤務期間が満了するまでに撃墜14機を加えた。のちにデュークはスピットファイアVIII装備の第145飛行隊長に就任、やがて地中海戦区での最多撃墜者となった。戦後はホーカー社のテストパイロットに就任、同社製ハンター戦闘機の初期のテスト飛行の大部分を担当した。

1944年10月にイギリスに帰還、ホーカー社に派遣されて生産機のテスト飛行に従事した。終戦後、エンパイア・テストパイロット学校で学び、1946年にはイギリス空軍高速飛行小隊に加わった。1948年に退役、ホーカー社にテストパイロットとして再び戻り、1951年には主席テストパイロットとなった。在任中、デュークは同社の成功作ハンター・ジェット戦闘機の初期のテスト飛行の多くを手がけた。

終戦時、デュークは撃墜27、協同撃墜2、不確実撃墜1、撃破6を認められていた。このうち撃墜14、撃破3がスピットファイアⅤによる戦果だった。

■ヘンリー・ウォーレス・マクラウド少佐
Sqn Ldr Henry Wallace McLeod

1915年、カナダのレジナに生まれた"ウォーリー"・マクラウドは1940年にカナダ空軍に入り、訓練終了後の1941年7月、第132飛行隊に少尉として配属された。それに続く12カ月間に、彼は第485、602、411の各飛行隊を短期間で転々とし、そのあいだにBf109 1機の撃破を報告した。1942年7月には「スタイル」作戦の一員となってマルタ島に飛び、第603飛行隊配属となった。翌月、マクラウドは新編の第1435飛行隊の創設メンバーのひとりとなり、8月末には小隊長に指名された。10月のマルタ島への"電撃空襲"では、マクラウドはトップ・エースのひとりとなったが、同月末には服務期間満了により、マルタを後にした。カナダに戻り、しばらく実戦訓練隊で教官を勤め、1944年初めにイギリスに帰還して第443飛行隊長となった。その後もスコアを増やし続けたが、9月27日、Mk Ⅸで飛行中、Bf109G 9機に奇襲され、ナイメーヘン近くに撃墜されて戦死した。

戦死の時点で、マクラウドは撃墜21、不確実撃墜3、撃破12、協同撃破1を認められていた。このうち撃墜13、不確実撃墜2、撃破11、協同撃破1がスピットファイアⅤであげたものである。

■ジャン－フランソワ・ドモゼー中佐
Lt Col Jean-François Demozay

ジャン－フランソワ・ドモゼーは1916年、フランスのナントに生まれ、1938年、軍に召集されたが、1カ月後には軍役免除となり、民間航空路パイロットの仕事に戻った。大戦が始まると空軍に志願、任官して、非戦闘任務を課せられ、フランスに駐在していたイギリス空軍第1飛行隊（ハリケーン装備）に通訳として勤務した。

フランスが降伏すると、ドモゼーは捨ててあったブリストル・ボンベイ輸送機に乗ってイギリスに逃れ、ダンケルク撤退後の混乱にまぎれて、難なく戦闘機パイロットになりすますことができた。ドモゼーはイギリス空軍に受け入れられ、ハリケーンへの転換のために第5実戦訓練隊へ送られたのち、1940年秋、パイロットとして再び第1飛行隊に加わった。この部隊で1941年春、3機のスコアをあげている。ハリケーンⅡ装備の第242飛行隊にしばらく在籍（ここで2機のBf109をスコアに加えた）したあと、7月にドモゼーはスピットファイアⅤ装備の第91飛行隊に移った。この部隊で大きな戦果（Bf109を10機撃墜）をあげたのち、翌年早くに第11集団に移って参謀を務めたが、6月には第91飛行隊に指揮官として復帰した。二度目の実戦勤務期間に入ったこの部隊で、ドモゼーはさらに4機のFw190を撃墜し、同年暮れには中佐に進んだ。

フランス人、ジャン－フランソワ・ドモゼー大尉はハリケーン装備の第1、第242飛行隊で勤務したのち、1941年7月にスピットファイアⅤ装備の第91飛行隊に加わり、やがてこの型での最多撃墜者のひとりとなった。(via Franks)

1943年初めにはフランス人パイロットの養成学校を設立するため北アフリカに渡り、翌年4月には在ロンドン・フランス空軍省勤務となって、特別使節としてソ連に赴いた。ノルマンディ侵攻後はフランス人部隊、「パトリ」（祖国）航空団（Groupement "Patrie"）を設立し、連合軍の進撃によって切り離され、取り残されたドイツ軍部隊へ空から攻撃を行った。戦争が終わったのち、ドモゼーはフランス国内の飛行訓練学校の副司令に任命されたが、1945年12月、航空事故で死亡した。

終戦時の総スコアは撃墜18、不確実撃墜2、撃破4で、これらのうち撃墜13、不確実撃墜2、撃破3がスピットファイアVの戦果である。

■エヴァン・マッキー中佐
Wg Cdr Evan Mackie

エヴァン・"ロージー"・マッキーは1917年、ニュージーランドのワイヒに生まれ、1941年1月にニュージーランド空軍に入隊した。ほぼ12カ月後に訓練を終えると、イギリスに送られて第485「ニュージーランド」飛行隊に少尉として配属となり、スピットファイアVで飛びはじめた。この部隊でマッキーはBf109Eを協同で二分の一機撃墜、Fw190も1機を不確実撃墜した。1843年3月にはチュニジアの第243飛行隊に転属、翌月は小隊長となった。そのあと彼のスコアは急速に伸び、6月に同飛行隊長に昇格した時点で、ヨーロッパで得たスコアに6.5機を加えていた。マッキーはシチリア島侵攻と、それに続くイタリア本土の戦いのあいだも同飛行隊を率い、さらに6機を撃墜した。11月にはスピットファイアVIII装備の第92飛行隊長となったが、1944年2月に［実戦服務期間満了により］イギリスに戻り、ホーカー・テンペストに転換した。この新型戦闘機でマッキーは6.5機を撃墜、中佐に昇進して、第122航空団の指揮を任された。

大戦終了時の最終スコアは、撃墜20、協同撃墜3、不確実撃墜2、撃破10、協同撃破1に達していた。これらのうち撃墜12、協同撃墜3、不確実撃墜2、撃破7、協同撃破1がスピットファイアVによる戦果である。エヴァン・マッキーは1986年に死去した。

■ペトルス・フーゴ大佐
Grp Capt Petrus Hugo

1917年、南アフリカのパムポンプール生まれのペトルス・"オランダ系"・フーゴは1939年2月にイギリス空軍に入り、飛行訓練を終えたのち、グラジエーターII装備の第615飛行隊に配属された［1939年12月のこと。当時、同飛行隊はフランスに駐留中］。フーゴはこの部隊（その後、ハリケーンに機種改変した）在籍中、まずフランスで、ついでイギリス本土航空戦で目ざましい戦いぶりを見せ、公認撃墜4＋1/6、不確実撃墜2の戦果をあげた。1941年、同飛行隊は機関砲装備のハリケーンIICに機種改変し、フーゴは敵船舶や地上目標への攻撃に何度か参加したが、この時期の彼の戦果はHe59の協同撃墜四分の一機だけに終わった。

1941年11月、フーゴはスピットファイアV装備の第41飛行隊の指揮官となり、翌年4月にはタングミーア航空団司令に任じられた。同月末、Fw190に撃墜され負傷したが、それまでにスピットファイアで撃墜3、不確実撃墜1、撃破4のスコアをあげた。7月にはホーンチャーチ航空団司令職を引き継ぎ、11月

ニュージーランド人、エヴァン・マッキー少佐は1943年6月から11月まで第243飛行隊の指揮官を務め、その間、同部隊はシチリア侵攻と初期段階のイタリア本土戦に参加した。大戦終結時、マッキーのスコアは撃墜20、協同撃墜3、不確実撃墜2、撃破10、協同撃墜1。このうち撃墜12、協同撃墜3、不確実撃墜2、撃破7、協同撃破1がスピットファイアVによる戦果だった。(via Franks)

イギリス本土航空戦で第615飛行隊に属し、ハリケーンで戦っていたころの南アフリカ人、ペトルス・"オランダ系"・フーゴ。のちに彼はスピットファイアV装備の第41飛行隊長となり、ついでタングミーア航空団、さらにアルジェリアとチュニジアで第322航空団のそれぞれ司令を務めた。MkVのトップ・スコアラーのひとりでもあり、この型で撃墜12、協同撃墜1、不確実撃墜3、撃破5をあげた。終戦時の総計スコアは撃墜17、協同撃墜3、不確実撃墜3、撃破7。

第243飛行隊長エヴァン・マッキー少佐と乗機MkVC JK715。1943年6月、マルタ島ハルファーで。同年4月末から9月半ばまで、マッキーはこの機体を専用機としJK715は最も戦果をあげたMkVの1機といえる。標準仕様にないMkIXタイプの排気管に注意。これで時速約7マイル（11km/h）の速度向上が得られた。(via Shores)

には大佐に進級し、第322航空団司令となり、北西アフリカ侵攻戦にはスピットファイア部隊を指揮して多大の成果を収めた（彼個人も、4週間余りの戦闘で撃墜8 1/2、不確実撃墜2をあげた）。1943年3月、フーゴは北西アフリカ沿岸航空軍司令部の参謀に異動したが、6月にはまた第322航空団に戻って、同航空団が1944年11月に解隊されるまで指揮をとり、その間に2機をスコアに加えた。その後は参謀職を務めて終戦を迎え、1950年にイギリス空軍を去った。

終戦時、フーゴの総スコアは撃墜17、協同撃墜3、不確実撃墜3、撃破7に達していた。うち撃墜12、協同撃墜1、不確実撃墜3、撃破5がスピットファイアVでのものである。ペトルス・フーゴは1986年に没した。

ジョン・ヤラ大尉
Flt Lt John Yarra

ジャック・"ほっそり"・ヤラは1921年、オーストラリアのクイーンズランド生まれ。1940年10月にオーストラリア空軍に入隊、カナダで飛行訓練を終えたのち、1941年11月に第232飛行隊に軍曹として配属された。間もなく第64飛行隊に転属したが、1942年初めにヤラ曹長（進級していた）はマルタ島へ転出となり、3月21日、「ピケットⅡ」作戦の一員として空路到着した。はじめ第249飛行隊で何度か出撃したのち第185飛行隊に移り、ハリケーンⅡで飛んだが、1942年5月にはスピットファイアが使用機となった。この部隊で彼はかなりのスコアをあげ、少尉に任官した。マルタ島でのヤラの実戦服務期間は7月半ばに終了し、イギリスに戻ったが、しばらくの休暇ののち、第453飛行隊の小隊長に任命された。1942年12月10日、オランダ沖で敵船舶を攻撃中にヤラは戦死した。

戦死時、ヤラは撃墜12、不確実撃墜2、撃破6を認められていたが、これらすべてがマルタで得たもので、またハリケーンによる不確実1を除いて、すべてスピットファイアⅤによる戦果だった。

パトリック・シェイド中尉
Flg Off Patrick Schade

イギリス人を両親に、マレーで生まれたパトリック・"パディ"・シェイドは1940年にイギリス空軍に入隊、1941年初めにハリケーン装備の第501飛行隊に軍曹として配属となった。7月にはスピットファイアⅤ装備の第54飛行隊に転属したが、当時、英仏海峡戦線で戦っていたこの部隊では、シェイドは全く戦果を得られなかった。1942年初め、シェイドはマルタ島行きを命じられ、「ピケットⅡ」作戦で空路到着し、第126飛行隊の曹長となった。おびただしい数の敵機に直面して、シェイドはスコアを増やしてゆき、8月に実戦服務期間満了でこの島を去る際には、マルタのトップ・エースとなっていた。イギリスに戻った彼は第52実戦訓練隊の教員として配属され、間もなく少尉に任官した。

1943年、シェイドは空戦技術開発隊（Air Fighting Development Unit）でしばらく勤務したあと、スピットファイアⅫ（のちⅩⅣ）装備の第91飛行隊に転属となった。1944年6月以降、この部隊はロンドンに飛来するV1号迎撃に奮闘し、シェイドはこの飛行爆弾2基の撃墜を公認された。7月31日、悪天候のなかでV1号を迎撃しようとしていたシェイドのスピットファイアⅩは、テンペストと空中衝突して墜落、彼は死亡した。

その死の時点で、パトリック・シェイドは敵機撃墜12、不確実撃墜2、撃破2、それにV1号撃墜3、協同撃墜1を公認されていた。V1号を除いて、すべてマルタ島でスピットファイアⅤによりあげた勝利だった。

レイモンド・ヘスリン大尉
Flt Lt Raymond Hesselyn

レイモンド・ヘスリンは1921年、ニュージーランドのダニディンに生まれ、はじめ準州軍に入隊、1940年にニュージーランド空軍に移籍した。ニュージーランドで訓練を終えたのち、1941年に第234飛行隊に軍曹として配属された

が、戦果をあげることはできなかった。1942年初めにマルタ島行きを命じられ、3月7日、マルタへのスピットファイア空輸の第一号となった「スポッター」作戦に加わって同島に着いた。到着後、タカリ飛行場の第249飛行隊に配属されたヘスリンは、ただちにスコアを積み上げ始めた。7月半ばにはヘスリンは実戦服務期間が終わり、イギリスに戻ったが、それまでに12機を撃墜、1機を不確実撃墜、さらに7機を撃破していた。

　ヘスリンはそれから6カ月、第二線で勤務したあと、第501飛行隊、ついで第277空海救難隊に移ったが、後者に在勤中の1943年6月22日、彼は英仏海峡上空で1機のFw190を撃破した――それも"骨董物"のスピットファイアMkⅡで、である！　8月にはスピットファイアⅨ装備の第222飛行隊に異動して小隊長となり、ここでさらに撃墜6 1/2を戦果に加えた。だがヘスリンは1943年10月3日、Bf109Gに撃墜されて捕虜となり、その前途有望な戦歴は突然、終わりを告げた。そのときの戦闘で彼は少なくとも1機を撃墜するのに成功したが（戦後、彼は3機を落としたと主張した）、脚部に負傷してパラシュート降下をやむなくされた。捕虜生活から解放されたのち、彼はイギリス空軍から終身在役を認められ、戦闘機軍団司令部付の少佐となった。

　捕虜となったときのヘスリンのスコアは撃墜18、協同撃墜1、不確実撃墜2、撃破8に達していた。このうち撃墜12、不確実撃墜1、撃破7が、マルタでスピットファイアⅤで飛んでいたときのものだった。1963年に死去。

ジョージ・ギルロイ大佐
Grp Capt George Gilroy

　ジョージ・"ひつじ"・ギルロイは1914年、スコットランドのエジンバラに生まれ、牧羊業を営んでいたが、1938年に第603補助飛行隊に入隊した。1939年9月に同部隊に動員令が下ったとき、使用機はスピットファイアになっていた。翌月にかけ、ギルロイはこの大戦におけるイギリス空軍戦闘機の戦いの最初のいくつかに加わった。たとえば1939年10月16日、彼はフォース湾上空でHe111を1機、協同で撃墜、こえて翌1940年1月と3月にも同様の協同撃墜を記録した。ギルロイはイギリス本土航空戦の全期を通じ、またその後も第603飛行隊で戦い続け、そのあいだに撃墜3、協同撃墜5、撃破4をスコアに積み足すという、かなりの戦果をあげた。

　1941年7月、ギルロイは少佐に進級し、第609飛行隊の指揮官に任命された。この部隊で彼はスピットファイアⅤBに搭乗し、戦闘機撃墜4、撃破1をスコアに加えた。1942年5月、参謀部勤務となり、11月には中佐に昇進し、チュニジア駐在の第324航空団（スピットファイアⅤC装備）の司令に就任した。シチリア島とイタリア本土への侵攻戦全期を通じて、ギルロイはこの職にとどまり、そのスコアに撃墜7、協同撃墜3、不確実協同撃墜2、撃破2、協同撃破2をさらに積み足した。

　1943年11月、ギルロイは大佐に進み、イギリス空軍ウィッタリング基地の司令となった。大戦終結とともに空軍を去り、牧羊業に戻ったが、1年後には古巣の第603補助飛行隊に指揮官の少佐として復帰した〔1949年9月まで在勤〕。

　最終スコアは撃墜14、協同撃墜11、不確実協同撃墜2、撃破7、協同撃破3。そのうち撃墜9、不確実協同撃墜1、撃破4、協同撃破3がスピットファイアⅤによる戦果だった

付録
appendices

要目

スピットファイアVB シリアルW3134
1941年5月試験
型式：単座制空用戦闘機
火器：イスパノ20mm機関砲2門、弾丸各砲60発；ブローニング7.7mm機銃4挺、弾丸各銃350発
発動機：ロールスロイス・マーリン45　離昇1185馬力、非常最大出力（高度11000フィート＝3353m、＋16ポンド・ブーストで最大5分間）1515馬力
寸度：全幅36フィート10インチ（11.23m）、全長29フィート11インチ（9.12m）、主翼面積242平方フィート（22.48㎡）
重量：全備6525ポンド（2962kg）
性能：最大速度371マイル/時（597km/h）（高度20000フィート＝6096mで）、上昇時間20000フィートまで8分24秒、実用上昇限度（推算）37500フィート（11430m）
注：試験供用機は最初からスピットファイアVBとして造られた最初の量産機で、全装備品付き。性能数字は気化器取入れ口の雪除けガードを取り外して測定。ガード付きの場合、速力は約6マイル/時（7km/h）低下した。

スピットファイアVA（熱帯型）シリアルX4922
1942年初頭に試験
（注：上掲のデータと異なる箇所だけを示す）
発動機：ロールスロイス・マーリン46　離昇1100馬力、非常最大出力（高度14000フィート＝4267m、＋16ポンド・ブーストで最大5分間）1415馬力
重量：全備6440ポンド（2924kg）
性能：最大速度363マイル/時（584km/h）（高度20800フィート＝6340mで）、上昇時間20000フィート（6096m）まで7分48秒、実用上昇限度（推算）38500フィート（11735m）
注：機首下に熱帯地用空気フィルターを装備。この試験機は火器を搭載せず、代わりに7.7mm機銃8挺の重さに相当するバラストを積み、銃口はシールした。

スピットファイアLF VB W3228
1943年初頭に試験
（注：上掲機のデータと異なる箇所だけを示す）
型式：単座低空用制空戦闘機
火器：イスパノ20mm機関砲2門、弾丸各砲60発、ブローニング7.7mm機銃4挺、弾丸各銃350発
発動機：ロールスロイス・マーリン50M　離昇1230馬力、非常戦闘出力（高度2750フィート＝838m、＋18ポンド・ブーストで最大5分間）1585馬力
重量：全備6450ポンド（2928kg）
性能：最大速度350.5マイル/時（564km/h）（高度5900フィート＝1798mで）、上昇時間8000フィート（2438m）まで1分45秒、実用上昇限度35700フィート（10881m）
注：この試験供用機は標準型主翼付き。実戦に使われた大部分のLF VBは切断型主翼で、高度10000フィート（3048m）以下で約5マイル/時（8km/h）ほど速かった。

スピットファイアMkVB対Fw190A

　1942年6月、イギリス空軍は飛行可能なFw190を1機捕獲し、その後、ダックスフォードの空戦技術開発隊（AFDU）で、スピットファイアVBを含む当時使用中の連合軍戦闘機各型と1対1の綿密な比較飛行試験を実施した。ほぼ10カ月前に初めて対戦したFw190を、戦闘機軍団のパイロットたちは恐るべき敵手と認めていた。比較テストは、まさしく、どれほど恐ろしい敵かを明らかにした！　比較試験の公式報告からの抜粋を以下に掲げる；
「Fw190は、速力および高度25000フィート（7620m）以下での全般的な運動性について、実施部隊で使用中のスピットファイアVBとの比較が行われた。Fw190はあらゆる高度で速力に勝り、そのおおよその差は次のようである。
　高度2000フィート（610m）では、Fw190がスピットファイアVBより25〜30マイル/時（40〜48km/h）速い。
　高度3000フィート（915m）では、Fw190がスピットファイアVBより30〜35マイル/時（48から56km/h）速い。
高度5000フィート（1525m）では、Fw190がスピットファイアVBより25マイル/時（40km/h）速い。
高度9000フィート（2744m）では、Fw190がスピットファイアVBより25〜30マイル/時（40〜48km/h）速い。
高度15000フィート（4573m）では、Fw190がスピットファイアVBより20マイル/時（32km/h）速い。
　高度18000フィート（5488m）では、Fw190がスピットファイアVBより20マイル/時（32km/h）速い。
　高度21000フィート（6400m）では、Fw190がスピットファイアVBより20〜25マイル/時（32〜40km/h）速い。
上昇力：Fw190の上昇力は、あらゆる高度でスピットファイアVBを上回っている。上昇する際の最大速度はほぼ同じながら、Fw190のほうがはるかに急角度で上昇する。高度25000フィート（7620m）までの連続上昇では、Fw190はおよそ450フィート（137m）/分ほど優れている。
急降下：比較試験の結果、Fw190はスピットファイアを楽々と引き離し、とりわけ初期段階でそれが顕著である。
運動性：Fw190の運動性は、旋回性能以外はスピットファイアVBに勝っている。旋回ではスピットファイアが容易に内側に回りこめる。Fw190はあらゆる飛行条件のもとで加速性にまさり、これは空戦では明らかにきわめて有利に働くに違いない。Fw190が旋回中にスピットファイアに攻撃を受けたなら、Fw190はその優越した横転速度を利して、逆方向への降下旋回に切り替えることができる。スピットファイアのパイロットがこの運動に追従することは極めて困難で、かりにそれを予測し準備していたとしても、正確な見越し角をとれることはほとんどない。この運動から急降下に入れば、Fw190はスピットファイアを引き離すことができ、スピットファイアは攻撃を断念せざるを得なくなった。
　上掲の試験結果は、敵戦闘機の存在が予測しうる空域において、スピットファイアVBは高速で巡航すべきことを示唆している。そうすることで、敵に"奇襲される"危険を減らすことができるだけでなく、とりわけ、うまく不意打ちを食わすことができれば、Fw190を捕捉する機会も、より多くなろう。

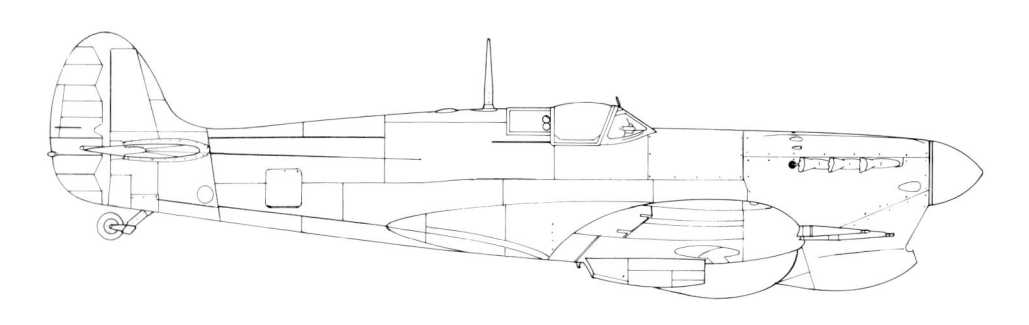

スピットファイアMkVC
1/72スケール

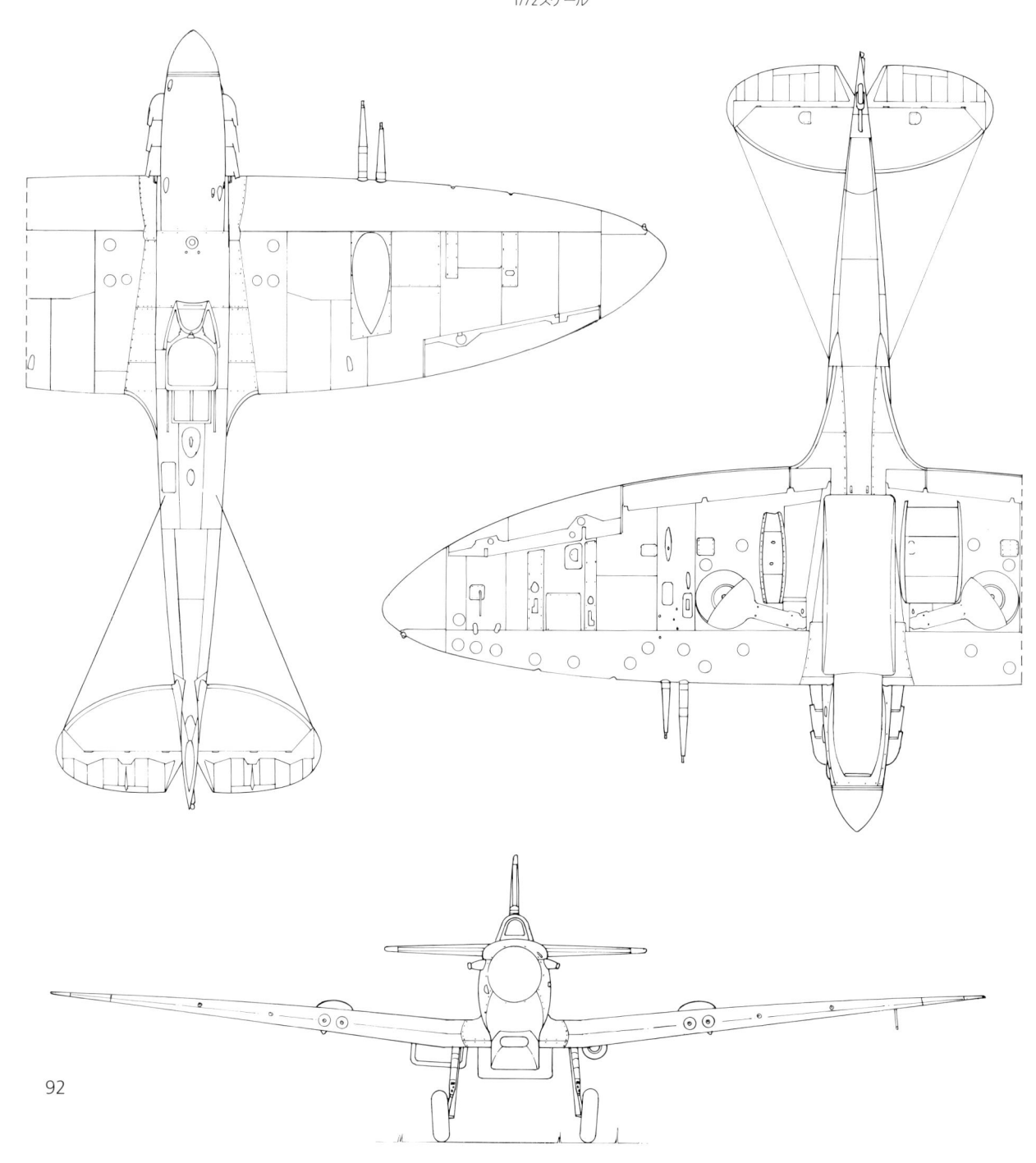

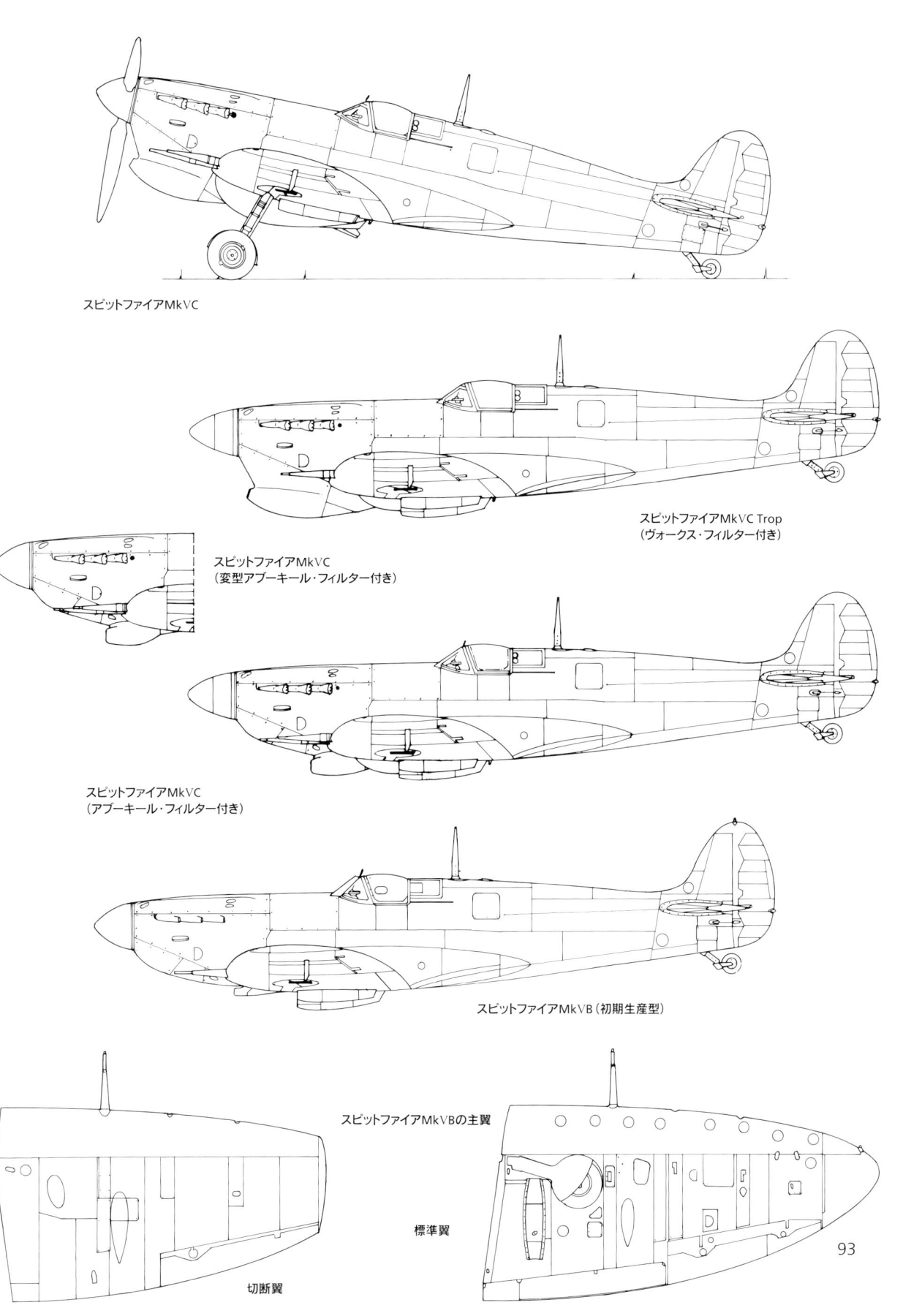

スピットファイアMkVC

スピットファイアMkVC Trop
（ヴォークス・フィルター付き）

スピットファイアMkVC
（変型アブーキール・フィルター付き）

スピットファイアMkVC
（アブーキール・フィルター付き）

スピットファイアMkVB（初期生産型）

スピットファイアMkVBの主翼

標準翼

切断翼

カラー塗装図　解説
colour plates

1
MkVA　W3185/D-B　Lord Lloyd　1941年8月　タングミーア
タングミーア航空団司令　ダグラス・バーダー中佐

この機体は1941年6月30日、第145飛行隊に新品で支給され、タングミーアで第41、616両飛行隊に短期間使用されたのち、7月末にダグラス・バーダーの個人用機となった。実際、1941年8月9日、彼がフランス上空で第26戦闘航空団第II飛行隊のBf109Fと戦って撃墜された際にも、本機に搭乗していた。被撃墜前にバーダーは敵戦闘機1機撃墜、1機不確実撃墜を認められていた。捕虜となった時点で、バーダーのスコアは撃墜20、協同撃墜4、不確実撃墜6、不確実協同撃墜1、撃破11に達していた。8月9日の勝利は、彼がMkVで得た唯一のものである。

[Baderを「ベーダー」と発音しないこと。彼の伝記Reach for the Skyに、また同名の映画にも、「バーダー」と読むべきことが明確に示されている]

2
MkVB　RS-T　1942年1月　ビッギン・ヒル
ビッギン・ヒル航空団司令　ロバート・スタンフォード・タック中佐

現存する本機の写真ではどれも、シリアルナンバーが塗りつぶされているように見えるが、BL336だったと思われ、1941年11月28日に第124飛行隊(この航空団の構成部隊のひとつ)に新品で支給された機体である。1942年1月28日、タックは本機に搭乗し、僚機とともに、ル・トゥーケから内陸に入ったエダン蒸留所へ「ルーバーブ」[地上掃射]攻撃をかけた。巨大なタンク群を掃射したのち、列車に関心を向けたところで、タックはさきにこの2機に攻撃をかけられていたブーローニュ郊外の対空砲火の射弾を浴び、狙った列車のそばに不時着、ただちに捕らえられた。その時点でタックは撃墜27、協同撃墜2、不確実撃墜6、撃破6、協同撃破1を認められていたが、ビッギン・ヒル航空団司令に就任して間もなく撃墜されたため、スコアのなかでMkVによる戦果は1機もない。

3
MkVB　W3561/M-B　1942年夏　ポートリース
ポートリース航空団司令　ミンデン・ブレーク中佐

本機がイギリス空軍に引き渡されたのは1941年7月だが、同年10月にようやく第313飛行隊で第一線勤務についた。このチェコ人部隊で二カ月を過ごしたのち、第130飛行隊に移籍し、やがて航空団司令ミンデン・ブレークの個人用機となった。イギリス本土航空戦も経験したニュージーランド人エース、ブレークは1942年8月19日、ディエップ海岸上陸地点付近で本機によりFw190 1機の撃墜を認められたが、この一年ぶり以上の勝利の直後、彼自らも英仏海峡に撃ち落とされ、捕虜となった。本機はその喪失の時点で、エンジンカウリングに「ジュビリー」作戦用特別標識である4本の白帯を描いていたと思われる。捕虜となったとき、ブレークのスコアは撃墜10、協同撃墜3、協同撃破1で、MkVによる戦果は最後の撃墜1機だけである。

4
MkVB　AB502/IR-G　1943年4月16日　グブリーヌ南飛行場
第244航空団司令　イアン・グリード中佐

この機体は1942年1月、イギリス空軍に引き渡され、海路タコラディへ送られた。5月に到着、アブーキール・フィルターを装着したのち、第244航空団に支給された。1943年3月初めに航空団司令イアン・グリードの専用機となり、彼の死にいたるまでのーカ月余りのあいだに、少なくとも35回、本機でチュニジア戦線に出撃し、Bf109Gを1機撃墜、2機を撃破した。4月16日、グリードはチュニジア海岸上空で枢軸軍輸送機を攻撃しようとして、敵の護衛戦闘機(第77戦闘航空団第I飛行隊のBf109Gと、第2戦闘航空団第II飛行隊のFw190A)に撃墜され、戦死をとげた。当時のグリードのスコアは撃墜13、協同撃墜3、不確実撃墜4、不確実協同撃墜3、撃破4で、このうち撃墜3、不確実撃墜1、不確実協同撃墜2、撃破3がMkVによるものだった。

5
MkVC　BR498/PP-H　1942年10月　ルカ飛行場
ルカ航空団司令　ピーター・プロッサー・ハンクス中佐

本機は1942年6月、イギリス空軍に引き渡され、翌月には船でジブラルタルに運ばれた。ついでイギリス空母「イーグル」に搭載され、7月に行われた「ピンポイント」、もしくは「インセクト」のどちらかの補強作戦で、マルタ島に送り届けられた。島では第126、1435、185各飛行隊で就役し、最後に「マルタ機種転換小隊」(Malta Conversion Flight)に落ち着いた。1942年10月当時のパイロットはハリケーンのエースだったピーター・プロッサー・ハンクスで、イギリス本土航空戦の前のフランス戦から第1飛行隊に属して戦っていたベテランだった。10月の"猛爆"直前に航空団司令としてマルタに着任してきたハンクスは、このMkVをきわめて効果的に乗りこなし、当月、Bf109を3機、Ju88を1機撃墜、さらに3機を撃破した。BR498は就役を続け、1945年9月に廃棄処分となった。終戦のとき、ハンクスのスコアは撃墜11、協同撃墜4、不確実撃墜1、不確実協同撃墜1、撃破6。このうち撃墜4、不確実撃墜1、不確実協同撃墜1、撃破6がMkVによるものである。

6
MkVC　BS234(A58-95)/CRC　1943年3月　リヴィングストン
オーストラリア空軍第1戦闘航空団司令
クライヴ・コールドウェル中佐

本機は1942年8月、イギリス空軍に引き渡され、貨物船「ラランガ」に積まれて1942年11月、オーストラリアに到着した。レイヴァートン基地で組み立てを終えたのち、オーストラリア空軍第1戦闘航空団を構成する部隊のひとつ、第457飛行隊に配属。北部地方で就役中、この機は一時、第二次大戦におけるオーストラリア最大のエース、クライヴ・コールドウェルの個人用機となり、彼が1943年3月から8月のあいだに主張する撃墜7機のうちに、本機によるものが2機ある。コールドウェルは9月、第2実戦訓練隊の主席飛行教官となって航空団を去ったが、"CRC"はその後も第457飛行隊にとどまり、1944年8月、これも第2実戦訓練隊に送られた。1945年にオーストラリアにまだ残っていたほとんどの他のスピットファイアと同様、A58-95も対日戦終了後、余剰機材と宣告され、同年11月、部品に分解された。終戦当時、コールドウェルのスコアは撃墜25〜26、協同撃墜2〜4、不確実撃墜11、撃破25〜28。このうち撃墜7、不確実撃墜3がMkVによる戦果だった。
[この戦果には疑問がある。本文第7章を参照]

7
MkVC　BS164(A58-63)/DL-K　1943年7月　ダーウィン
第54飛行隊長　エリック・ギブス少佐

この機体は1942年6月にイギリス空軍に引き渡され、貨物船「ホーブリッジ」でオーストラリアに送られて、同年10月に到着した。再組み立て後は第54飛行隊、より正確にいえば同飛行隊の新任隊長エリック・ギブス少佐の乗機となった。以前は沿岸航空軍団第608飛行隊でハドソン双発爆撃機のパイロットをしていたギブスが、単発戦闘機部隊を指揮するのは異例の選択にも思われたが、彼は経験の不足にめげず、この困難な任務に挑み、5機を撃墜、1機を協同撃墜、5機を撃破して、第54飛行隊第一のエースとなった。これらの勝利(戦中彼の唯一の確認スコア)は1943年3月から7月のあいだに本機で得たもので、零戦と一式陸攻で占められている。第54飛行隊で就役したのち、BS164は1943年11月にオーストラリア空軍(第452飛行隊)に移籍、新コードA58-63を与えられた。その直後の新年、本機はストラウス飛行場付近でA58-214(LZ845)と空中衝突し、廃棄処分となった。
[本文第7章に注記したように、ギブスが日本機を撃墜したと主張する日に日本側には喪失機がない例が多く、ほとんど幻の戦果だった可能性が高い。また第54飛行隊の識別コードは"DL"であり、本機左舷の文字もD-Kではなく、DL-Kだったと思われる]

8
MkVB　SH-Z　Atchashikar　1942年5月　ホーンチャーチ
第64飛行隊長　ウィルフレッド・ダンカン-スミス少佐

このMkVBは写真ではシリアルが塗り消されているが、BM476と思われ、1942年4月に同飛行隊に新品として支給された機体である。スピットファイアのエースだったダンカン-スミスはその前月、第64飛行隊長に就任したばかりで、はじめBL787で飛行したあと、本機を専用機に選んだ。5月から6月にかけ、ダンカン-スミスはこの機体で撃墜1、不確実撃墜1、撃破1（すべてFw190）を記録したが、7月には彼の飛行隊はスピットファイアMkIXに改変する最初の部隊となった。本機は第154、165、122、234、303、26各飛行隊でなお第一線勤務を続け、1944年に実戦訓練隊に回されて、最後は1945年4月28日、エンジンから出火してハーデン飛行場に不時着、廃棄処分となった。BM476の最も成功したパイロットとなったウィルフレッド・ダンカン-スミスは撃墜17、協同撃墜2、不確実撃墜6、不確実協同撃墜2、撃破8をあげて終戦を迎え、うち撃墜11、不確実撃墜6、撃破4がMkVで得たものだった。

9
MkVB　BM361/XR-C　1942年8月　グレーヴゼンド
第71「イーグル」飛行隊長　チェスリー・ピーターソン少佐

1942年4月、第453飛行隊に新品支給され、第41、72両飛行隊で短期間就役したのち、8月2日に第71「イーグル」飛行隊に移籍した機体。隊長チェスリー・"ピート"・ピーターソン機となったものの、アメリカ人たちと本機の縁はわずか17日しか続かなかった。8月19日、ディエップ上空で、Ju88の応射を浴びて撃墜されたのだ――ピーターソンは当日、その前にユンカースを1機撃墜、もう1機を撃破していたけれど。すぐに救命艇に救い上げられはしたものの、ピーターソンは1機のFw190の機銃掃射に追いまくられ、ようやくイギリスの港に逃げ込むことができた。大戦終了時、ピーターソンのスコアは撃墜8、不確実撃墜3、撃破6。このうち撃墜6、不確実撃墜2、撃破6がMkVの戦果である。

10
MkVC　AB216/DL-Z　Nigeria Oyo Province
1942年5月　ホーキンジ
第91飛行隊長　ロバート・オックススプリング少佐

1942年3月、第91飛行隊に新品で支給された機体だが、通常この機に搭乗していた「イギリス本土航空戦」でのスピットファイア・エース、"ボビー"・オックススプリングは本機ではスコアをあげることができなかった。1943年6月、本機は戦闘で損傷を受け、修理後に航空機・兵装試験所に送られて、グライダー曳航装置を取り付けられた。そして急速な展開作戦の際、地上勤務員をグライダーで運ぶ可能性を調べるため、さまざまな型式のグライダーの曳航テストに使われた。1945年2月、飛行中にエンジン火災を起こし廃棄処分。終戦を中佐で迎えたオックススプリングのスコアは撃墜13、協同撃墜2、不確実撃墜2、撃破12で、うち撃墜3、不確実撃墜2、撃破7がMkVによる。

11
MkVB　R6923/QJ-S　1941年5月　ビッギン・ヒル
第92飛行隊　アラン・ライト中尉

この機は機関砲を装備したMkIBの最初のバッチの1機で、1940年7月に初飛行、イギリス本土航空戦中は短期間だが第19飛行隊で就役した。この型の機関砲の初期トラブルが最終的に解決すると、本機は外翼の4挺の7.7mm機銃を再び装備して、1940年から41年にかけての冬、あらためて第一線部隊――第92飛行隊――に再支給された。間もなく、イギリス本土航空戦のエース、アラン・ライトの個人用機となり（ライトはその乗機の識別文字に「S」を使用した）、1941年3月13日、イギリス海峡沖の高空掃討飛行で、彼はBf109 2機を撃破した。翌月初旬にはMkVBへの改造のためロールス・ロイスへ送られ、その後再び第92飛行隊に戻った。ライトはそれからも本機を使い続けたが、6月21日、「サーカス第17号」の際、アシュトン軍曹が搭乗し、第26戦闘航空団第II飛行隊のBf109に撃墜されて失われた。アシュトンは落下傘降下する前に1機のBf109の撃墜を報告している。終戦のとき、アラン・ライトのスコアは撃墜11、協同撃墜3、不確実撃墜5、撃破7。うち協同撃墜1、不確実撃墜2がMkVの戦果である。

12
MkVB　W3312/QJ-J　Moonraker　1941年8月　ビッギン・ヒル
第92飛行隊長　ジェイムズ・ランキン少佐

このスピットファイアは1941年6月20日、第92飛行隊に新品で支給され、直ちに隊長「ジェイミー」・ランキンに「分捕られ」た。ランキンは6月から10月末までのあいだに本機で撃墜11、協同撃墜1、不確実撃墜1、撃破4（相手はすべて戦闘機）をあげるのだが、その最初の撃墜2機は、この機が飛行隊に到着して24時間も経たないうちのものだった！ランキンは同年9月、ビッギン・ヒル航空団司令に昇進して以後も「Moonraker」を使い続けたが、12月に同司令職を離れると、この戦場慣れしたスピットファイアは近着の第124飛行隊に譲られた。1942年4月には戦闘で損傷を受け、修理後、第65飛行隊に支給されたものの、同年9月に廃棄処分となった。終戦当時、ランキンのスコアは撃墜17、協同撃墜5、不確実撃墜3、不確実協同撃墜2、撃破16、撃破3。このうち協同撃墜1、撃破1、協同撃破2以外は、すべてスピットファイアVによる戦果である。

13
MkVB　JU-H　1941年12月　デブデン
第111飛行隊　ピーター・ダーンフォード軍曹

本機の夜間用迷彩は1941年から42年にかけての冬、ロンドン防衛のために急いでかき集められた夜間戦闘機部隊の一部を構成した第111飛行隊のスピットファイアVに、短期間ながら施されたものである。イギリス空軍は当時、ドイツ空軍が大規模な夜間空襲を正確に12カ月ぶりに再開するものと信じていた。シリアルは完全に塗り消されているが、JU-HはW3848だったと思われ、1941年9月に第111飛行隊に新品で支給されたMkVB献納機（献納名はTravancoreII）。1942年2月には、このスピットファイアは通常の昼間戦闘機迷彩に塗り直され、第41、122、222各飛行隊で就役を続けた。1943年遅くに副次的任務に格下げとなり、戦争を生き抜いたが、最後は1945年12月に登録を抹消された。ピーター・ダーンフォードは1942年4月30日にフランスへの白昼強襲でFw190を1機撃墜して、ようやく撃墜歴の幕を開け、翌月には第124飛行隊に移籍して戦いを続けたが、11月19日、137回目の出撃で対空砲火に撃墜され、捕虜となった。その時点で、ダーンフォードのスコアは撃墜5、撃破1。うち撃墜3機がMkVのものだった。

14
MkVB　BP850/F　1942年4月　タカリ
第126飛行隊　パトリック・シェイド曹長

この機体は1942年2月にイギリス空軍に引き渡され、海路ジブラルタルに輸送されて、「ピケットII」作戦用に空母「イーグル」に積み込まれた。3月29日、やがてそのパイロットとなる"パディ"・シェイドとともにマルタ島に到着。どちらも第126飛行隊に配属となり、4月23日、この組み合わせは目標に爆弾を落として引き起こしたJu87を1機撃墜、さらにもう1機のシュトゥーカを協同で撃ち落とした。だが24時間後、BP850はカナダ空軍のE・A・クライスト軍曹が搭乗し、Ju87隊と戦闘を交えたのち、冷却液漏れを起こして不時着、登録を抹消された。"パディ"・シェイドはBP850よりずっと長くマルタで過ごし、少なくとも12機を撃墜、2機を不確実撃墜、2機を撃破して、マルタ島におけるトップ・エースのひとりとなった。すべてMkVの戦果である。だが第91飛行隊に在籍中の1944年7月、V1号飛行爆弾2基をスコアに加えたところで、スピットファイアXIVで戦闘中に事故死した。

15
MkVC　BR112/X　1942年9月　クレンディ
第185飛行隊　クロード・ウィーヴァー軍曹

1942年3月にイギリス空軍に引き渡され、「カレンダー」作戦で他の46機とともにグラスゴー港でアメリカ空母「ワスプ」に積載、1942年4月20日、ルカ飛行場に空路到着した機体。マルタ島では第249飛行隊に配属、その夏いっぱい酷使されたのち、第185飛行隊に回された。ここでも多くのパイロットに使われたが、そのひとり、アメリカ人エースのクロード・ウィーヴァーは自分の母国が参戦する前にカナダ空軍に加わっていた人物だった。BR112は9月9日、ウィーヴァーが搭乗し、シチリア島の飛行場へ飛行隊が強襲をかけた際、イタリア軍のマッキMC202戦闘機に冷却器系統を撃たれ、海岸に不時着、パイロットは捕虜となった。その前にこの社交的なアメリカ人は別のマッキ1機を撃ち落していた。イタリアの休戦後、ウィーヴァーは脱走してイギリスに戻り、第

403飛行隊でスピットファイアIXにより実戦出撃を再開した。そして速やかに勘を取り戻し、フランス上空でFw190を2機撃墜したが、1944年1月28日、第26戦闘航空団第6中隊のFw190に撃ち落されて死亡した。戦死当時、ウィーヴァーのスコアは撃墜12、協同撃墜1、不確実撃墜3。最後のFw190 2機以外はMkVの戦果である。

16
MkVB　AD233/ZD-F　West Borneo　1942年3月
ノースウィールド　第222飛行隊長　リチャード・ミルン少佐

このMkVは1941年10月、同飛行隊に新品支給され、やがて翌年3月、イギリス本土航空戦のエース、"ディッキー"・ミルンの個人用機となった。ミルンが5月に実戦服務期間満了となって飛行隊を去ると、本機は後任で同じくイギリス本土航空戦の古強者、ポーランド人のイェージー・ヤンキエヴィッチ少佐に引き継がれた。不幸にも新隊長はわずか数日しか生き延びることができず、1942年5月25日朝、AD233に搭乗してオーステンデへ「ロデオ」に出撃した際、第26戦闘航空団第I飛行隊のFw190に撃墜され、戦死した。だが"ディッキー"・ミルンは戦争を生き抜き（最後の2年半は捕虜としてだったものの）、撃墜14、協同撃墜1、不確実撃墜1、撃破11のスコアを残した。うち撃墜3、不確実撃墜1、撃破2がMkVによるもの。

17
MkVC　JK715/SN-A　1943年6月　ハルファー
第243飛行隊長　エヴァン・マッキー少佐

本機は1943年2月にイギリス空軍に引き渡され、翌月、中東へ舶送されて、4月から第243飛行隊に配属、エヴァン・マッキーの専用機となった。以後、9月半ばまでのあいだに、ニュージーランド人マッキーは敵機撃墜8、不確実撃墜1、協同撃墜4を報告したが、すべてこの機による戦果で、JK715はイギリス空軍で最高か否かはともかく、最も成功したMkVの1機となった。標準仕様と異なるスピットファイアIX用の排気管が注目されるが、これはマッキーが特注で入手したもの。JK715はのちに北アフリカでアメリカ陸軍航空隊に、ついて第208飛行隊に戦術偵察機として使用され、1945年4月に登録を抹消された。マッキーは終戦を撃墜20、協同撃墜3、不確実撃墜2、撃破10、協同撃破1のスコアで迎えたが、そのうち撃墜12、協同撃墜3、不確実撃墜2、撃破7、協同撃破1をMkVであげている。

18
MkVB　AB262/GN-B　1942年3月　タカリ
第249飛行隊　ロバート・マクネア中尉

1942年1月にイギリス空軍に引き渡されたのち、本機は「スポッター」作戦──1942年3月7日、イギリス空母「イーグル」を使った、マルタ島への初のスピットファイア輸送作戦──に割り当てられた。カナダ生まれの"牡鹿（バック）"・マクネアは前年秋、第411飛行隊に属してフランス上空で戦ったが、この年2月17日、サンダーランド飛行艇でマルタに着き、最初のスピットファイアが到着するのを、ひたすら待ちわびていたのだった。マクネアは3月18日、枢軸軍輸送船団への攻撃から帰還するメリーランド爆撃機を迎撃しようとしていたBf109 1機をAB262に搭乗して撃破したが、これがマクネアの本機による唯一の戦果となった。AB262は翌月、カラフラム工場で修理中に空襲で損傷を受け、廃棄された。大戦終了時、マクネアの戦績は撃墜16、不確実撃墜5、撃破14で、うち撃墜7、不確実撃墜5、撃破9がMkVによる。

19
MkVC　BR323/S　1942年7月　タカリ
第249飛行隊　ジョージ・バーリング軍曹

この機体は1942年5月にイギリス空軍に引き渡され、6月、マルタ島に対して行われた2回の補強作戦──「スタイル」と「セイリアント」──のどちらかに加わって空母「イーグル」を飛び立ち、ルカ飛行場に着いた。マルタでは代替機として第249飛行隊配属となり、識別用に「S」の一文字を割り当てられた。この年、マルタに飛んだ多くの他のスピットファイアと同様、BR323も短い一生しかおくれなかった。そのなかでも主に本機に搭乗したのはマルタ第一のエース、"スクリューボール（変人）"・バーリングだった。彼は7月6日、マッキMC202を2機、Bf109を1機撃墜し（これでエースとなった）、さらにカントZ1007爆撃機も1機撃破して、

「S」による初の勝利をあげた。だが「S」もこの日、バーリングによる2度の出撃で損傷を受け、修理のために飛行停止となったが、7月10日には再びバーリングが搭乗し、MC202とBf109を1機ずつ撃墜した。2日後、本機は別のパイロットが搭乗しての戦闘でさらに損傷を受け、廃棄処分となった。終戦のとき、バーリングの戦果は撃墜31、協同撃墜1、撃破9で、最後の撃墜2機を除き、すべてスピットファイアVで得たものである。

20
MkVB　EP706/T-L　1942年10月　タカリ
第249飛行隊　モーリス・スティーヴンス少佐

1942年7月にイギリス空軍に引き渡され、その後、8月に行われた「ベローズ」もしくは「バリトーン」の、いずれかの補強作戦でイギリス空母「フューリアス」からマルタ島に飛んだ機体。第249飛行隊で2カ月就役したところで、定員外の新任少佐"マイク"・スティーヴンス（「フランスの戦い」でのエース）の乗機となった。10月10日、スティーヴンスは本機でBf109を1機不確実撃墜、もう1機を撃破して、マルタでの初の戦果をあげた。その後、スティーヴンスはまず第229飛行隊の、ついでハルファー航空団の指揮官を歴任する。EP706は第249飛行隊で就役を続けたが、1943年3月3日、地中海上空をパトロール中、エンジン故障で失われた。"マイク"・スティーヴンスの最終スコアは少なくとも撃墜15、協同撃墜3、不確実撃墜1、撃破5で、このうち撃墜6、協同撃墜2、不確実撃墜1、撃破4がMkVによる（すべてマルタであげたもの）。

21
MkVB　EP340/T-M　1942年10月　タカリ
第249飛行隊　ジョン・マケルロイ中尉

本機はイギリス空軍に1942年6月に引き渡され、ほぼ間違いなく、7月21日の「インセクト」作戦で空母「イーグル」からマルタに空輸された30機のスピットファイアのうちの1機である。島では第249飛行隊に配属され、1942年夏から秋にかけて使用されたが、10月15日、第53戦闘航空団第I飛行隊の「エクスペルテ」、マリアン・マツーレック軍曹の30機目の犠牲となり、EP340のパイロット、オーストラリア人のエドウィン・ヒスケンス曹長は戦死した。だがその2日前、このスピットファイアはカナダ人エース、ジョン・マケルロイが搭乗して戦果をあげている。マケルロイは「セイリアント」作戦で6月9日にマルタに到着して以来、第249飛行隊で戦ってきた人物で、この日は枢軸軍戦爆連合総勢79機からなる、当日四度目のマルタ空襲に立ち向かうべく、第249飛行隊の他の7機（2日後に悲運の死を遂げるヒスケンス曹長を含む）と編隊を組んでいた。防御側は戦闘機5機、爆撃機2機の撃墜を報告、マケルロイはRe2001戦闘機1機の撃墜と、Bf109 1機の撃破を認められた。マケルロイは1942年12月にイギリスに戻り、終戦時には撃墜10、協同撃墜3、不確実撃墜1、不確実協同撃墜1、撃破12のスコアをあげていた。うち撃墜7、協同撃墜2、不確実撃墜1、不確実協同撃墜1、撃破11がMkVによる。マケルロイは1948年から49年にかけ、イスラエル空軍第101飛行隊のスピットファイアIXを駆って、エジプト空軍のC205V 1機、イギリス空軍のスピットファイアFR18を2機、スコアに加えた。

22
MkVB　EP829/T-N　1943年4月　クレンディ
第249飛行隊長　ジョーゼフ・リンチ少佐

この機は1942年8月、イギリス空軍に引き渡され、箱詰めされて翌月、海路ジブラルタルに到着した。そこからどうやってマルタに着いたかは記録がないが、170ガロン（773リッター）空輸タンクを使って直行した可能性がある。前線では第249飛行隊に配属され、1943年4月、同飛行隊長で「イーグル」飛行隊の古強者であるアメリカ人、ジョーゼフ・リンチに使用されて大きな戦果をあげた。実際、このカリフォルニア人は本機でJu52/3mを3 1/2機（4月28日、マルタ島防衛戦における枢軸軍機撃墜1000機目を含む）、Ju88とカプロニCa313をそれぞれ1機、撃ち落としてエースとなったのだが、それ以外は、イギリス空軍での本機の経歴はほとんど知られていない。だが運命の皮肉により、1946年にこの機体はイタリア空軍に引き渡されたスピットファイアの1機となり、軍籍番号MM4059を与えられた。加えて、本機が配属された第51航空団は、ほとんど疑いなく、3年前に戦いを交えた相手だった！　大戦

終了時、ジョーゼフ・リンチのスコアは撃墜10、協同撃墜7、不確実撃墜1、撃破1、協同撃破1で、すべてMkVで得た戦果である。

23
MkVB　AA853/C-WX　1942年8月19日「ジュビリー」作戦
ヘストン（カートン-イン-リンゼイから分遣）
第1ポーランド戦闘航空団司令
ステファン・ヴィトージェンニッチ中佐（推定）

1941年10月、同航空団に新品で支給された機体。ディエップ上陸作戦（「ジュビリー」作戦）でイギリス空軍が識別用に使った4本の白帯がエンジンカウリングに描かれているが、当日は他の多くの戦闘機部隊でも同様の帯マークを施していたと思われる。このベテラン機はのち第501、350、322飛行隊で就役し、最後は1944年1月11日、ホーキンジから飛び立って英仏海峡上空で「ジム-クロウ」パトロールを実施中、MkV AR498（これもオランダ人部隊である第322飛行隊所属）と空中衝突して失われた。「ジュビリー」当時の本機のパイロットはイギリス本土航空戦の古強者ステファン・ヴィトージェンニッチで、もとポーランド空軍に属して飛び、1940年にイギリスに到着した。このMkVでは戦果をあげられなかったものの、彼はディエップ作戦当時、撃墜5、協同撃墜1、撃破2のスコアをもち、すでにエースだった（すべてハリケーンで得たもの）。

24
MkVC　AB174/RF-Q　1942年8月　カートン-イン-リンゼイ
第303「ポーランド」飛行隊　アントニ・グウォヴァツキ少尉

この機体は1942年3月、ノーソルトの第303飛行隊に新品で支給され、ディエップ上陸作戦ではイギリス本土航空戦のポーランド人エース、「トニ」・グウォヴァツキに使用されたが、そのとき機首に白帯を描いたことはほぼ間違いない。当日の戦闘で、グウォヴァツキはHe111 1機の協同撃墜と、Fw190 1機の不確実撃墜を認められている。翌月、飛行中の事故で損傷を受け、修理後の1943年初めに訓練部隊に回されたものの、同年10月にはイブスリーの第313飛行隊に移籍、再び前線勤務となった。翌年2月にはディグビーに新設されたカナダ人部隊、第442飛行隊に移動したが、翌月には新しいIX型が到着したため、第56実戦訓練校に譲られ、そこで1944年5月初旬に飛行中の事故で失われた。"トニ"・グウォヴァツキの最終スコアは撃墜8、協同撃墜1、不確実撃墜3、撃破5で、うち協同撃墜1、不確実撃墜2、撃破1がMkVで得た戦果だった。

25
MkVB　BM144/RF-D　1942年5月　ノーソルト
第303「ポーランド」飛行隊　ヤン・ズムバッホ大尉

このMkVBは1942年3月、ノーソルトの第303飛行隊に新品支給され、同月、短期間の教官任務を終えて「イギリス本土航空戦」当時の古巣に小隊長として戻ってきたヤン・ズムバッホに割り当てられた。4月27日、彼は「サーカス141号」でリール付近の発電所攻撃に向かう第107飛行隊の12機のボストンを掩護するノーソルト航空団に加わり、Fw190（第26戦闘航空団所属）を1機、不確実ながら撃墜、BM144による自身唯一の戦果をあげた。図は本機がポーランド人戦友部隊である第315飛行隊に譲渡される直前、1942年5月のマーキングを示している。第315飛行隊の「PK」の識別文字を描いてから数日後、この機は戦闘で軽度の損傷を負ったが、すぐさま修理されて戦線に戻った。そして第315飛行隊で就役を続け、1943年10月、飛行中にエンジン故障を起こして不時着、廃棄処分となった。ヤン・ズムバッホは大戦を生き抜き、撃墜12、協同撃墜2、不確実撃墜5、撃破1のスコアをあげ、うち撃墜3、協同撃墜1、不確実撃墜2、撃破1がMkVによる戦果だった。

26
MkVB　W3718/SZ-S　1942年4月　ノーソルト
第316「ポーランド」飛行隊　スタニスワフ・スカルスキ大尉

この機体は1941年9月に第306飛行隊に新品で支給され、数週間後、同じノーソルト航空団に属する戦友部隊である第303飛行隊に移籍した。この飛行隊の有名な「RF」の識別文字を3カ月余りつけたところで、1942年1月、ミドルセックス基地の第316飛行隊へと再び移った。ここで多くのパイロットの乗機となり、そのひとりでポーランド第一のエース、スタニスワフ・スカルスキは1942年4月25日、W3718で第26戦闘航空団のFw190を1機撃破した。その年の夏をポーランド航空団で過ごしたのち、本機は第66、340、26、278各飛行隊で就役を続け、最後は1945年4月、第53実戦訓練隊で廃棄処分となった。終戦のとき、スカルスキのスコアは撃墜18、協同撃墜3、不確実撃墜2、撃破4、協同撃破1。そのうち撃墜3、不確実撃墜1、撃破1がMkVで達成されている。

27
MkVB　AA758/JH-V　Bazyli Kuick　1941年11月　エクセター
第317「ポーランド」飛行隊　スタニスワフ・ブジェスキ曹長

本機は1941年10月、エクセター基地でハリケーンIIBからスピットファイアVBに改変したばかりのこのポーランド人飛行隊に新品で支給された。スタニスワフ・ブジェスキはポーランド空軍で1939年9月に、またイギリス空軍249飛行隊では1941年初めに、ともに戦果をあげた古強者だったが、11月8日の「サーカス第110号」ではAA758に搭乗し、Bf109Fを1機撃墜、Fw190を1機撃破して（いずれも第26戦闘航空団所属）、PZL P-11Cやハリケーンに勝る新戦闘機の性能を速やかに実証して見せた。さらに翌年4月25日には、ダンケルクのドックに対する早朝の「ラムロッド」攻撃の際、第26戦闘航空団のFw190 1機を本機により撃墜して、エースの座についた。ディエップ上陸作戦の直後、ブジェスキは転出したが、AA758は飛行隊に残り、1942年12月に第164飛行隊に移った。その後、第341、340各飛行隊を経て、1944年5月にヘンストリッジのイギリス海軍航空隊実戦転換隊に引き渡された。ブジェスキは大戦を生き抜き、撃墜7、協同撃墜3、不確実撃墜2、撃破1のスコアを残し、うち撃墜6、協同撃墜1、不確実撃墜1、撃破1をMkVで得ている。

28
MkVB　EN786/FN-T　1942年6月　ノースウィールド
第331「ノルウェー」飛行隊　カイ・バークステッド大尉

この機体はノースウィールドの第331飛行隊に1942年6月、新品として支給されたもので、カイ・バークステッド小隊長に使用されて大きな成果を収めた。戦前、デンマーク海軍航空隊のパイロットだったバークステッドは第43飛行隊で服務期間を終え、やがて1941年7月に新設の第331「ノルウェー」飛行隊に配属となった。彼が最初の勝利を収めたのは、ほとんど1年を過ぎた1942年6月19日のことで、ベルギー海岸上空で、いずれも第1戦闘航空団第I群に属するFw190を1機撃墜、もう1機を撃破した。8月19日にはディエップ上空でEN786により、1＋1/2機撃墜も果たしている（Fw190とBf109F）。第331飛行隊でよく働いたこのスピットファイアは1942年11月1日、戦闘で失われた。戦争が終わったとき、バークステッドの勝利のスコアは撃墜10、協同撃墜1、撃破5にのぼり、うち撃墜2、協同撃墜1、撃破1がMkVの戦果だった。

29
MkVB　BM372/YO-F　1942年5月　グレーヴゼンド
第401「カナダ」飛行隊　ドナルド・モリソン少尉

この機体は1942年4月、グレーヴゼンドの同飛行隊に新品で支給され、ウィッタリングの中央射撃学校で研修を終えて戻って間もないカナダ人、ドナルド・モリソンの乗機となった。モリソンが学んできた教訓はやがて5月24日、実行に移され、アルデロとサントメール間に向けた薄暮の「ロデオ」攻撃で、BM372に搭乗した彼はFw190を2機撃破した——その前に、このスピットファイアはケントの基地で地上滑走中に、同じ飛行隊のAD506と接触して損傷を受けていたのだが。1942年12月、本機はソ連空軍に引き渡されることになり、イランへ海路輸送された。その後の運命はわからない。モリソンは1942年11月、第26戦闘航空団のFw190の機関砲弾1発を受けて片脚を失ったものの、撃墜4、協同撃墜3、不確実撃墜4、不確実協同撃墜1、撃破5で大戦を終えた。そのうち撃墜2、協同撃墜2、不確実撃墜1、不確実協同撃墜1、撃破5がMkVの戦果だった。

30
LF　MkVB　EP120/AE-A　1843年8月　マーストン
第402「カナダ」飛行隊　ジェフリー・ノースコット少佐

この機体は1942年6月、イブスリーの第501飛行隊に新品で引き渡され、1カ月後、地上滑走中に第118飛行隊のAB401と接触事故を起こし、ついで8月19日にはディエップ上空で戦傷を負った。そのあと第19飛行隊で7カ月を送り、1943年4月にディグビーの第402飛行隊に移籍した。翌月には新しく着任したマルタ島の古強者、ジェフリー・ノースコットに割り当てられ、ノースコットは6月には同飛行隊長となった。ノースコットと本機の組み合わせは直ちに成功し、6月27日から11月3日までのあいだに、フランスとオランダ上空でBf109を4機撃墜、1機を撃破、Fw190を3機撃墜した。図のEP120は8月22日、ノースコットがボーモン・ル・ロジェ上空でFw190 1機を撃ち落し、エースとなった際のもの。注目すべきことに、本機は第402飛行隊に1944年半ばまで就役し、ついでオーバーホールを受けて10月に第53実戦訓練隊に譲られ、教材用機となった。戦後はゲート・ガーディアン[基地の門前の展示機]を務めていたが、1980年代にダックスフォードの「ザ・ファイター・コレクション」がこれを取得、飛行可能状態に復元し、ジェフ・ノースコットが搭乗していた当時のマーキングを描き入れた。ノースコットは撃墜8、協同撃墜1、不確実撃墜1、撃破7、協同撃破1で終戦を迎えたが、撃墜1機以外はすべてMkVの戦果だった。

31
MkVB　AD196/DB-P　1942年4月　ディグビー
第411「カナダ」飛行隊　ヘンリー・マクラウド少尉
本機は1941年8月31日、ノースウィールドの第71飛行隊に、同部隊への最初のMkVの1機として新品支給され、のちに第411飛行隊に移籍した。このカナダ人部隊では1942年4月15日、"ウォーリー"・マクラウドが本機に搭乗してFw190とBf109を1機ずつ撃破、続いて5月1日にはFw190を1機、同じく不確実撃墜した。その後、マクラウドはマルタに異動したが、AD196は「ラムロッド」と「サーカス」に奮戦を続け、8月27日の出撃で未帰還となった。"ウォーリー"・マクラウドは1944年9月、第443飛行隊のスピットファイアMkIXで戦死したが、その時点でのスコアは撃墜21、不確実撃墜3、撃破12、協同撃墜1。このうち撃墜13、不確実撃墜2、撃破11、協同撃破1がMkVで得たものだった。

32
MkVB　BM205/OU-H　Nova Scotia　1942年4月　ケンリー
第485「ニュージーランド」飛行隊　エヴァン・マッキー少尉
1942年3月、このケンリーのニュージーランド人部隊に事実上「工場直送」で支給された機体で、新入り隊員"ロージー"・マッキーが使用した。4月26日、彼は本機によりブーローニュ上空でFw190を1機、不確実ながら撃墜、これが第485飛行隊での彼の最後の戦果となった。翌日、BM205は「サーカス第141号」で軽度の戦傷を負ったが、ケンリーに戻ると直ちに修理された。その後、このスピットファイアは1943年10月から第401、504、129、402各飛行隊で就役を続け、1944年7月、第一線から退いて第53実戦訓練隊に回り、1945年5月に除籍された。"ロージー"・マッキーは第485飛行隊では協同撃墜1しかあげられなかったが、終戦時の最終スコアは撃墜20、協同撃墜3、不確実撃墜2、撃破10、協同撃破1にのぼり、うち撃墜12、協同撃墜3、不確実撃墜2、撃破7、協同撃破1がMkVによるものだった。

33
LF MkVB　X4272/SD-J　1944年6月　フリストン
第501飛行隊　デイヴィッド・フェアバンクス大尉
別のところでも述べたように、X4272は際立って長期の就役を続けた機体だった。1940年8月にMkIとして初飛行、ついで機関砲を装備してMkIBとなり、この成功したとはいえない組み合わせで、その年後半、第92飛行隊で短期間だが就役した。1941年初めにMkVBに改造され、VB型として就役する最初の機体のひとつとなって原隊に戻った。やがて第222飛行隊に移って就役を続けたが、そのあと保管所で月日を過ごし、ついてまた選ばれてLF MkVB仕様に改造された。1944年にはフリストンの第501飛行隊で再び第一線に復帰し、6月8日、デイヴィッド・"フーブ"・フェアバンクス少尉（アメリカ人で、母国の参戦以前にカナダ空軍に加わった）は本機により、ル・アーヴル付近でBf109を1機撃墜、もう1機を撃破した。X4272の記録票にはその後の本機の経歴について記されていないが、第501飛行隊は8月にはテンペストに機種を改変しているので、この古い機体も実戦訓練隊に回されたものと思

われる。終戦のとき、フェアバンクスのスコアは撃墜12、協同撃墜1、撃破3で、X4272であげた戦果が唯一、MkVによるものだった。

34
MkVB　BP955/J-1　1942年4月　ルカ
第601飛行隊　デニス・バーナム大尉
この機体は1942年3月20日にイギリス空軍に引き渡され、第601飛行隊配属となり、数週間後、グラスゴー港でアメリカ空母「ワスプ」に積み込まれた。4月20日、このスピットファイアは「カレンダー」作戦に加わって空母を飛び立ち、ルカ飛行場に向かったが、第601飛行隊の小隊長デニス・バーナムも、この作戦に参加したパイロットのひとりだった。すぐ翌日、バーナムはBP955を駆って、Ju88 1機の不確実撃墜とBf109 1機の撃破を認められたが、ユンカースの応射をエンジンに受けて、間もなく不時着を余儀なくされた。やがてこの機は再び飛べる状態に戻ったものの、1942年10月17日、ルカ付近の戦闘で失われ、搭乗していた第229飛行隊のロン・ミラー軍曹は行方不明となった。戦いが終わったとき、バーナムのスコアは撃墜5、協同撃墜1、不確実撃墜1、撃破1で、すべてがMkVによる戦果だった。

35
LF MkVB　EP689/UF-X　1943年7月
パキーノおよびレンティーニ西飛行場
第601飛行隊長　スタニスワフ・スカルスキ少佐
1942年7月、イギリス空軍に引き渡され、10月に中東に到着した機体。最初、第92飛行隊に属したが、1943年7月に同部隊がマルタに配属された際、第601飛行隊に移籍し、その月遅くに同飛行隊はシチリア島に進出した。ほぼ同じころ、高名なエースだったスタニスワフ・スカルスキが飛行隊長に就任、イギリス飛行隊を指揮する初のポーランド人士官となり、本機でたびたび出撃した。EP689は結局、1943年9月22日、カターニアで地上攻撃訓練中に正体不詳の地物に衝突して失われた。

36
MkVB　W3238/PR-B The London Butcher
1941年7月　ビッギン・ヒル
第609飛行隊長　マイケル・ロビンソン少佐
「こぶの上のビギン」に配属される最初のMkVBの1機として、1941年5月にこのケント州の戦闘機基地に到着した新造機で、直ちに第609飛行隊長"ミッキー"・ロビンソンの専用機に選ばれた。イギリス本土航空戦でハリケーンによりエースとなったロビンソンは、スピットファイアでさらに好成績をあげ続け、1941年7月3日から12日までのあいだに、このThe London ButcherでBf109Fを5機撃墜、4機を撃破した。この機体は9月に飛行中の事故で損傷を受け、修理後の10月には第92飛行隊に移籍したが、同部隊での就役期間は短く、12月にもう一度、戦闘とは無関係の不時着事故を起こして廃棄処分となった。"ミッキー"・ロビンソンは1942年4月、タングミーア航空団司令在任中に戦死したが、当時のスコアは撃墜18、不確実撃墜4、不確実協同撃墜1、撃破8、協同撃破1で、うち撃墜8、不確実撃墜1、撃破6がMkVであげたものだった。

37
MkVB　BL584/DW-X　1942年7月　ルダム
第610飛行隊　デニス・クロウリー－ミリング大尉
1942年8月、ルダムの第610飛行隊に新品で支給された機体。そのあと、占領下のヨーロッパで12カ月の逃亡生活ののち部隊に復帰した小隊長、デニス・クロウリー－ミリングの専用機として短期間だが使われた。7月16日にはケンリーの第111飛行隊に移籍したが、9日後に戦闘で失われた。終戦時、クロウリー－ミリングのスコアは撃墜4、協同撃墜2、不確実撃墜1、不確実協同撃墜1、撃破3、協同撃破1。うち撃墜1、協同撃墜1、不確実撃墜1、撃破2がMkVの戦果。

38
MkVB（シリアルは塗り消され不明）　YQ-A　1942年1月
キングスクリフ　第616飛行隊長　コリン・グレイ少佐
ニュージーランド人、コリン・グレイのスピットファイアによる輝かしい

戦績は、このシリーズの既刊2冊［オスプレイ軍用機シリーズ7「スピットファイアMkⅠ/Ⅱのエース 1939-1941」、および「Late Mark Spitfire Aces=未訳=」］のなかで説明してある。グレイはスピットファイアVB装備の第616飛行隊を1941年9月から1942年2月まで指揮したが、そのあいだ同飛行隊はイングランド中部地方に基地を置いていたため、グレイが敵にまみえる機会はほとんどなかった。終戦のとき、彼の合計スコアは撃墜27、協同撃墜2、不確実撃墜7、不確実協同撃墜4、撃破12で、そのうち撃墜4がMkVで得たものである。

39
MkVB　EN853/AV-D　1942年10月　デブデン
アメリカ陸軍航空隊第4戦闘航空群第335戦闘飛行隊
ウィリアム・デイリー少佐
写真では本機にシリアルLN853が書かれていることが確認できるが、この番号はウェリントンX爆撃機に割り当てられたものだから誤りで、実際はEN853が正しい。1942年5月にイギリス空軍に引き渡され、第401飛行隊でしばらく就役したのち、1942年8月にロッチフォードで第121「イーグル」飛行隊に移籍し、ここで母国参戦前からイギリス空軍に加わっていたテキサス人、"ジミー"・デイリー小隊長に使用された。1942年9月、部隊がアメリカ陸軍航空隊第8航空軍に移管され、第4戦闘航空群第335戦闘飛行隊と改名したときは、デイリーもこのスピットファイアも入隊していた。デイリーは11月に飛行隊長となり、ついでアメリカに帰国したが、EN853は1943年1月に戦闘により廃棄処分となった。デイリーは1944年に第371戦闘航空群で前線復帰したものの、9月10日、フランスの前進飛行場で地上滑走中、乗機P-47が僚機に追突されて死亡した。当時のデイリーのスコアは撃墜2、協同撃墜1、撃破3で、すべてMkVでの戦果だった。

40
MkVC　BR114/B　1942年9月　アブーキール　第103整備隊
ジョージ・ジェンダーズ中尉（および他のテストパイロット）
この機体は1842年3月にイギリス空軍に引き渡され、箱詰めされて海路、タコラディに運ばれ、アフリカ大陸を横断する補給ルートでエジプトに到着した。そしてアブーキールの第103整備隊で、この地域上空を定期的に飛んでいるJu86P偵察機に対抗するため、特別に改造された少数の高高度迎撃戦闘機の1機となった。無線機、装甲、火器など、必ずしも不可欠ではない装備は取り外され、エンジンも改造されて圧縮比を上げ、4枚羽根プロペラが装備された。翼端は延長されて尖った形となり、火器は12.7mm機銃2門となった。のちに本機は標準型MkVC仕様に戻され、第601、451、123各飛行隊で就役し、1944年7月には北アフリカに駐留するフランス空軍の偵察部隊、GRⅡ/33に譲られた。だがフランス軍での勤務は短く、8月1日に対空砲火で大きな損傷を負って除籍された。BR114に搭乗してたびたび高高度に出撃したジョージ・ジェンダーズは撃墜10、協同撃墜2、撃破3、協同撃破2で終戦を迎え、うち撃墜1、協同撃墜1、協同撃破2がMkVで得たものだった。

パイロットの軍装　解説
figure plates

1
第609飛行隊長　M・L・"ミッキー"・ロビンソン少佐
1941年半ば　ビッギン・ヒル
色の褪せたイギリス空軍士官用戦闘服に、黄色の1932年型ライフ・ジャケット（呼子笛付き）を着用している。規定の黒ネクタイをつけず、明るい青色シャツの襟元をはだけたままにしているところに注意。右手にはタイプD（タイプ19）酸素マスクとMkⅢゴーグル付きの、使い古されたタイプBヘルメットを提げている。ブーツは1936年型のもの。

2
第71「イーグル」飛行隊所属
G・A・"ガス"・デイモンド中尉　1941年9月　ノースウィールド基地
ロビンソンとおおむね同じ姿だが、戦闘服は新しい分だけ青味が濃い。右肩の「イーグル飛行隊」のパッチに注目。ライフ・ジャケットは後期の中間型、ゴーグルはMkⅣ、手袋は標準型のもの。
［"ガス"は彼のミドルネーム「オーガスタス」の略。「イーグル」飛行隊はアメリカ人義勇兵で編成された部隊であるところから、アメリカの国鳥・白頭鷲を隊章とした］

3
ビッギン・ヒル航空団司令　A・G・"船乗り"・マラン中佐
1941年半ばごろ
同じく標準型の軍服姿だが、野戦用略帽をかぶっている。肩には「南アフリカ」の文字章がつき、また厚い靴下をブーツの上に折り返している。
［細かいことだが、マランの発音は「ラ」にアクセントが置かれる。］

4
第609飛行隊　"トミー"・リグラー軍曹　1941年半ば　ビッギン・ヒル
これも軍服姿だが、"別の階級"［非士官］を示す鷲章と階級章を右袖に付けている。またライフ・ジャケットの一部が黄色に塗られていないことに注意。

5
第92飛行隊　ヴィル・デューク大尉　1943年3月　チュニジア
イギリス空軍標準のカーキ色教練服（上下）に軍服の上着を着ている。胸のDFC（空軍殊勲十字章）のリボンに注目。足にはスエード製の「砂漠ブーツ」を履いている。

6
オーストラリア空軍第1戦闘航空団司令
クライヴ・"殺し屋"・コールドウェル中佐
オーストラリア空軍用カーキ色教練シャツと半ズボンに、イギリス空軍用後期型ライフ・ジャケットを着用している。ベルトもイギリス空軍用のもので、これにつけたケースに38口径軍用リボルバーを収納してある。ブーツは1936年型で、その下にカーキ色の靴下を履いている。革製の飛行帽はイギリス空軍用タイプDだが、ゴーグルはアメリカ陸軍航空用のB-7で、酸素マスクもアメリカ製である。

■翻訳の参考とした主要資料

Shores, Christopher, Williams, Clive, Aces High. Grub Street, 1994
Shores, Christopher, Aces High Volume 2. Grub Street, 1999
Morgan, Eric, et al., Spitfire The History. Key Publishing Ltd., 1987
Rawlings, John, Fighter Squadrons of the RAF. Macdonald & Co., 1969
Sturtivant, Ray, et al., Royal Air Force Flying Training and Support Units. Air-Britain Ltd., 1997
Seltzer, Leon (ed.), The Columbia Lippincott Gazetteer of the World. Columbia University Press, 1952
防衛庁防衛研修所戦史室　戦史叢書54『南西方面海軍作戦』　朝雲新聞社、1972
伊澤保穂『日本陸軍重爆隊』　徳間書店、1982
梅本弘『ビルマ航空戦　上・下』　大日本絵画、2002
秦郁彦『太平洋戦争六大決戦(下)過信の結末』　中央公論社、1998
ピムロット、ジョン『地図で読む世界の歴史　第二次世界大戦』　河出書房新社、2000
小倉勝男『航空原動機』（標準工学シリーズ17）　共立出版、1964

◎著者紹介 | アルフレッド・プライス　Dr. Alfred Price

イギリス空軍士官時代に電子戦専門家として飛行時間約4000時間の実績を残して退役。以後、著述に専念、Instruments of Darkness、Battle of Britain: The Hardest Day、Battle over the Reich、Blitz on Britainなど、著書は約40冊に及び、世界的に著名な航空戦史研究家のひとりである。本シリーズでは第7巻『スピットファイアMk I / II のエース 1939 - 1941』を執筆。ラフバラ大学から歴史学でPh.D.を取得。王立歴史学協会特別会員。

◎訳者紹介 | 柄澤英一郎（からさわ えいいちろう）

1939年長野県生まれ。早稲田大学政治経済学部卒業。朝日新聞社入社、『週刊朝日』『科学朝日』各編集部員、『世界の翼』編集長、『朝日文庫』編集長などを経て1999年退職、帰農。著書に『日本近代と戦争6』（共著、PHP研究所刊）など、訳書に『第二次大戦のポーランド人戦闘機エース』『第二次大戦のイタリア空軍エース』『第二次大戦のフランス軍戦闘機エース』（いずれも大日本絵画刊）などがある。

オスプレイ軍用機シリーズ 34

スピットファイア Mk V のエース 1941-1945

発行日	2003年6月9日　初版第1刷
著者	アルフレッド・プライス
訳者	柄澤英一郎
発行者	小川光二
発行所	株式会社大日本絵画 〒101-0054 東京都千代田区神田錦町1丁目7番地 電話：03-3294-7861 http://www.kaiga.co.jp
編集	株式会社アートボックス
装幀・デザイン	関口八重子
印刷/製本	大日本印刷株式会社

©1997 Osprey Publishing Limited
Printed in Japan
ISBN4-499-22810-7 C0076

Spitfire Mark V Aces 1941-45
Alfred Price
First published in Great Britain in 1997,
by Osprey Publishing Ltd, Elms Court,
Chapel Way, Botley, Oxford, OX2 9LP.
All rights reserved.
Japanese language translation
©2003 Dainippon Kaiga Co., Ltd.